用對**自然**力
讓毛孩活得好

[自然醫學博士愛用的寵物平衡療育]

「內在是因，外在是果。」

萬病之源都起於身體失衡

平衡療育：追求毛孩的內外平衡

王莉莉 Shila ◆ 秘密系列知名譯者

看著Bellra從在我先生的「雲端事業加速器」課堂有了毛孩事業的初始想法一路走到現在、出了這方面的書、和我們一樣加入「貓奴」行列也為她覺得開心。

收到推薦邀請時，可能你和我也會稍疑惑，為什麼毛小孩領域會找我來推薦，其實是除了都有養貓外，主要是我翻譯過《祕密》系列身心靈相關著作，所以對「平衡療育」這個概念會有比較深的體會。

我家目前的三隻貓都是認養來的，兩隻品種貓、一隻橘子貓。不過在更早前我隻身到澳門工作時，也曾認養過一隻更小的橘貓陪伴我。

但因為太小，不知道是否因為誤用書中提到不好的洗劑幫牠洗澡導致免疫系統降低，當時我又才剛到一個人生地不熟的地方工作，沒辦法隨時看著牠。

結果一天早上醒來發現牠病懨懨的，我趕緊抱牠衝去最近的一家獸醫院，但太早門還沒開，著急地等著有人前來開門。好不容易終於等到了，趕快把它放到手術台上，眼見牠的眼睛快閉上了，我一直叫著牠的名字，小小地牠努力試圖睜開眼，但卻慢慢地離開了。那時我感受到說不出的深刻無助，眼淚直流，因為面對死亡，原來人的力量這麼小。甚至打下這段文字的現在已經十多年了，對於那隻和我緣份不夠的小橘貓還是會再次湧現難過的情緒。我曾自責過，不該認養這

麼小的幼貓、或是如果懂得像書中說的方式照顧牠敏感的肌膚，牠是否就不會走的那麼早？

後來透過我們現在認養的這三隻貓重新得到釋放：兩隻超過15年以上、一隻超過10年，也陪伴了我們搬了幾次家，讓我們享受了很多快樂時光。除了就像是家人一樣，我也覺得像是我們的招財貓。其中老二米基更是我們家小孩的「守護貓」。記得我在夢中曾經看見牠說要給我看一個漂亮的東西，然後像是從銀河投射到地球一道白光，不久我的小孩就來報到了，在他還是小嬰兒時，每次一哭，第一個衝向他的就是米基。

我們現在住的地方較潮溼，所以可能間接導致牠免疫力變低，後來就像書裡也提到的，「改變飲食，也會改善腸道平衡」，牠眼睛附近發炎紅腫的狀況就有減輕。

書裡有一段我也覺得很生動，貓其實很有靈性，有一位主人當著面騙牠，牠直接轉身走掉。這讓我想到我們家老大胖寶也曾經因為我們出國好幾天，回來後卻整天用屁股對著我們，帶牠去看醫生也沒檢查出什麼結果。醫生和我們聊過後，終於突破盲點，原來是我們要出遠門前沒先跟牠報告，所以這位「阿公」就「憂鬱」不理我們了。所以毛孩和人類其實也都是需要愛的。

這本書的特色在於結合了西方醫學檢驗和系統，以及中醫的調理和保養，一起帶來「毛奇蹟」，再加上也把身心靈領域會追求的內外在平衡應用在毛孩上。所以如果你本身有在接觸身心靈領域、家裡也有毛小孩，推薦看看這本書，不管是在保健部分或是毛孩情緒照顧方面，可以得到蠻多最新資訊，也能為你和毛孩爭取更多相處的時光。

毛孩給我全部的愛，我給牠們最好的照顧

馬容先 ◆ 知名藝人 X 也是毛爸爸

　　一切都是緣分。我跟我太太都喜歡狗，2014年前一個緣份，我們家裡來了一隻可愛的大天使馬露。他是我們的第一隻狗，帶給我們非常多的新體驗，我們很享受一起的時光，馬露也跟著媽媽一起到各處當狗醫師志工服務。

　　2018年又來了另一個緣分，一隻有趣的傻大個來到我們家，他叫做蝙蝠俠。在接下來的日子，老實說，中間有一段很痛苦的適應期，不過讓我體驗到很多從未想過的事物，也更加珍惜現在一家四口的生活。

　　因為這二隻狗，都是我在沒有太多時間考慮下就來到家裡，我曾經想過是不是跟很多飼養寵物的朋友一樣，都是出於一時的衝動，但在生活中種種的反應，我非常確定，他們與我的相遇絕對不是我一時的衝動，而是一種浪漫又溫馨的緣分。

　　我自己本身對於飲食上的保健真的是一竅不通，所以更別說是對寵物了。不過在2020年，我因為二隻狗都出現一些身體上的狀況，讓我意識到他們開始慢慢步入中年，是不是需要開始保養啊？真的是心想事成，在腦中浮現這個念頭不久，我就認識了愛寶（Bellra創立的品牌），開始一段新的緣分。

在完全沒什麼想法下，愛寶針對我們遇到的問題，提供了我們一些保養的方向。老實說一開始我也是姑且一試的心態，覺得這些營養品都是給主人心安的，但在使用過後應該不到一個月，我完全改觀了！原本他們身上的問題真的好了，而且你能感受到他們因為身體健康直覺反應出的好精神。

在跟馬露和蝙蝠俠一起生活的日子，我體驗到在都市裡的寵物，大部分事情都被迫變成為被決定者，吃飯喝水，出去玩，生活上幾乎所有事情都屬於被動的，唯一他們可以主動表達的就是對主人無限的愛。對我來說，當他們把所有的愛都給了你，讓我生活有了更多的驚喜，相對於他們給我的快樂，對他們多一點點的照顧，真的不算什麼。

預防醫學：趁毛孩年輕時做好健康管理

薛秉汸 ◆ 康廷動物醫院院長

　　與Bellra相識是在數年前，她帶著領養來的兩隻貓咪來醫院門診做檢查，在她談論寵物病史的過程中，深刻感覺到了她對寵物的用心。後來，她又陸陸續續帶了許許多多的幼貓，甚至是還未開眼、未滿一個月的小貓，我好奇地詢問她：「妳怎麼有時間照顧這些小貓咪？很多甚至無法自行進食，需要3-4小時餵食一次！」她很興奮地回說：「我們公司的同事們都有按照班表排值日生，大家一起照顧小貓咪！」，當下我感到滿滿的佩服，原來不只是她個人很愛小動物，連公司的同仁也一起共襄盛舉，能夠被照顧到的毛孩子，是何其幸運啊！

　　隨著醫療的進步，寵物們的壽命也越來越長，如何能在毛孩子們年輕的時候做好健康管理，預防老年重症的發生，一直是我在門診時，喜歡多花一點時間與主人們討論與分享的話題，畢竟縱然已經執業20多年，在臨床上仍會有束手無策的無奈。所以，如果能夠推廣預防醫學，無疑能夠降低老年重症的發生率，讓毛孩子們在主人的照顧下，有好的生活品質，健健康康地與主人互相陪伴。

　　最近Bellra準備推出一本新書，內容著重在與主人分享一些寵物預防保健的觀念與知識，站在獸醫師的角度，我很推薦給大家閱讀，希望透過一些預防醫學的觀念分享，讓主人們能夠用對方法照顧好家中的寶貝，也讓毛孩子們能夠健健康康的邁向老年生活。

用聰明的方式照顧你家毛孩

Katie Ho ◆ 知名Youtuber X 流動瑜珈教練

　　認識Bellra是因為瑜珈，在練習以外的時間我們最常聊的就是寵物話題，所以知道她對寵物有很多的了解，也很有興趣研究關於寵物的大大小小問題，我們會討論寵物鮮食、如何自製寵物零食、哪些食材有營養…等。

　　我家的Bobi是雪納瑞小女生，今年已經13歲了，每天依然健康蹦跳，但不免還是有點擔心她的骨骼健康，尤其我們家住在公寓，出門都要爬樓梯，她一天上上下下很多趟，不管大號小號都要出門，颱風天也堅持！後來Bellra就送給Bobi照顧骨骼的寵物保健食品，這是我第一次給Bobi吃保健食品，因為過去總覺得市面上寵物專屬的品牌琳瑯滿目，品質參差不齊，價格差距又很大，實在很難挑選，諸如此類的問題，都可以在書中找到解答，如果你也想更了解自己的毛孩，並且用更聰明的方式照顧他們，推薦大家一起閱讀這本書。

用保健延續愛與緣分

黃于容

　　我想要將這本書獻給我在天上的毛弟弟，他叫作「小熊」。他是隻可愛的吉娃娃，雖然他過世至今已經十幾年了，但他依舊活在我心中。我永遠忘不了，他過世的時候，我因為在外地唸書，沒能送他最後一程，在我內心深處，這個缺憾始終揮之不去。

　　猶記得當時，在外地唸書的我接到爸媽的通知，內心真的十分難過。在全家人之中，小熊最信賴我，但我卻無緣陪他度過生命中的最後一段。當下我對他許下承諾，我要把對他的這份愛延續到其他的毛夥伴們身上。但當時年僅十幾歲的我，其實不了解自己能做些什麼，只知道我要去做，如此而已。

　　往後的十幾年來，我一直在人類的醫藥健康領域發展，也不斷關注毛孩子相關的訊息，雖然早期因為這方面還不太受到重視，毛孩寵物保健相關的資料並不多，但我心中一直沒有忘記這份屬於我們的承諾。

　　直到2015年年底，有一個契機，讓我發現兌現承諾的時刻也許來了。這個契機，也跟一個毛小孩有關。她是我閨蜜養的西施犬，叫作「珈珈」。珈珈是從繁殖場救援回來的，當時她被繁殖場關在籠子裡丟入河中，差點淹死。想當然，脫險後，她對人充滿了高度警戒與

不信任。我的閨蜜用滿滿的愛融化了她的戒心，但是卻帶來新的問題—她出現了分離焦慮症，這是一種跟主人分開就會緊張焦慮的症狀。

每次珈珈媽外出工作，回家就會發現地上血跡斑斑，宛如命案現場。珈珈媽每個月都需要抱著她衝醫院好幾次，而珈珈也發現這樣做，媽媽的注意力都會在她身上，她就會得到更多關注跟愛，因此更頻繁的把自己舔傷、咬傷，不管怎麼打針、吃藥都不見效。

後來我跟珈珈媽説，這樣下去不是辦法，由於我最擅長的剛好就是寫配方，將因體內失衡所缺乏、且較難被身體吸收的營養素，調配成適合毛孩體質吸收、能夠發揮最佳效果，有效達成體內平衡的組合，所以我就為珈珈寫了一個專屬的植物保健品配方。

珈珈當時因焦慮而過度頻繁舔腳趾，後來引發趾間炎；產生大血包並破裂後，又因為疼痛不想行走，這種情況若不妥善處理，會變成敗血症，嚴重時會死亡。配方設計上，為了方便餵食及多用性，做出一款讓她可以內服外用的保健品，讓她放鬆情緒，並幫助傷口癒合。沒想到使用三天後，情況就好轉了，珈珈媽的狗友們看到都覺得十分神奇，大家紛紛表示要買。但是這個產品其實是不存在的，怎麼賣？我們討論了好一陣子以後，決定把珈珈的專屬配方修改一下，改成適合大多數毛孩的產品，小量生產、測試市場反應，沒想到一上市就造成廣大的迴響。

至今，這個牌子即將要滿六年了，過程中我當然仍是不間斷的進

修、研究，只為了最初的那個承諾：把愛延續下去，讓每位毛孩都能過著高品質的生活、且有好品質的晚年，讓他們可以陪伴我們更久。曾經令我心痛遺憾的失去，我將它轉化為愛。我期盼每段緣分都能一直延續下去，希望我的產品能陪伴每位毛孩；希望這份愛持續下去，永不間斷，一如我對「小熊」的愛永遠長存……

目錄 Contents

Part I

毛孩保健
基本觀念

第 1 章

毛孩為何需要買保健食品？

現代人每日多少會吃一些保健食品，從幼兒開始，到青少年、成年和銀髮族，人們都會習以為常地替自己補充營養。那您是否想過：家中的毛孩是否也需要吃保健食品？

我以一個自然醫學博士的身分跟你說：當然需要！

其實毛孩跟人有一部分是很類似的（所以我們才可以互相陪伴、互相依存，不是嗎？），毛孩也會有很多醫學——這裡指的是西方的獸醫學——所無法根治的問題，他們跟人類一樣，也會遇到滿多西醫束手無策的病症。

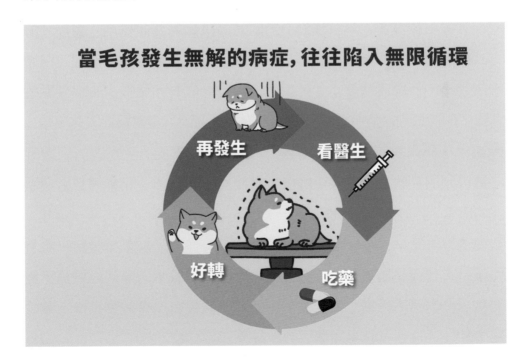

當毛孩發生無解的病症，往往陷入無限循環

這些病症比如：異位性皮膚炎、X型脫毛症、濕疹、黴菌……等，這類疾病往往是個不斷反覆的無限循環：發生、看醫生、好轉；再發生、再看醫生……就是這種沒完沒了的迴圈，破壞了你和毛孩美好的幸福生活。你們值得擁有更好的生活品質，而不是一起陷入這個痛苦的無限迴圈中。

我曾經認真算過一個數字，算出來之後，心情很低落。這個事實就是：毛孩從出生那一刻起，平均大概就只有五千多個日子的壽命，有些毛孩的生命甚至還更加短暫。我們難道不該好好珍惜這為時不長的時光嗎？

集西醫與中醫之長的新系統

其實毛孩很多「無法根治」的問題，是因為西醫是用「對症」的方式來處理，因此很難徹底解決。你應該聽過「對症下藥」吧！白話來說就是，什麼症狀就給予什麼處治，但一般的西醫很少去找問題的源頭，因此更別說能有效針對源頭根治問題。而且當獸醫比人醫更難，因為毛孩們不會說話，無法問他「你哪裡不舒服」？獸醫們只能憑「看得到的症狀」加上檢驗數值，來推測、猜出那些可能導致這個狀況的因素，然後選出機率最高的「病因」，優先給藥測試。萬一沒效，整個流程再重來：重新推測、重新給藥，等你下一次來掛號時，看看這樣是有效還是無效。在這樣的醫治流程中，醫生的臨床經驗夠不夠豐富、檢查仔不仔細、儀器是否先進，或醫生有沒有經常進修、吸收醫學新知，往往就直接影響了診斷結果。

中醫的概念就不一樣了。基本上，中醫會先找源頭，了解病灶產生的原因，然後設定對治調養的做法。所以在東方醫學中，你會經常聽到「調理體質」、「食藥同源」的概念與做法。

我可以説兩者都對、也都不對。你應該會覺得很奇怪吧？什麼叫都對、也都不對？簡單來説，我認為應該以西方醫學檢驗跟系統為依據，再加上中醫的調理、保養概念，揉合中西醫的優點，這才是正確而且有效的道路。

舉個例子，古代宮廷劇大家應該都看過吧！古代的有錢人、皇室貴冑，不是都很講究保養身體嗎？只有平時做好保養調理，才能活得久又有品質！這時你可能會説：古代也有很多人是因吃中藥而死的啊！沒錯，「是藥三分毒」，這句話我相信你一定聽過，所以我説的不是用中藥調理，而是在中醫的基礎上，超越中醫，改用「天然植物萃取」來調理。

「天然植物萃取」的好處是什麼？其實，毛孩的五臟六腑遠比人類小得多，代謝速率也比我們快得多，所以對我們來説不過是一丁點的毒性，對他們而言可能就是猛烈的劇毒了。瞬間肝腎負擔加重，就十分容易引起肝腎衰竭，很可能轉眼瞬間就離我們而去，所以真的不能不萬分小心。

有了西獸醫的科學檢驗報告、中醫調理預防的概念，再加上植物天然、無人工雜質的好處，相信你必定很容易了解自己是不是走在醫治毛孩的正確道路上。每次的檢驗，只要治療方式對了，數值的趨勢就會往正確的方向前進。

因為我自己是醫事技術背景出身，後來又依序念了化工、中醫、生物科技、自然醫學博士，所以才能對這些領域有通盤的了解。我創業的恩師跟我說，我的強項其實是中西合璧。當時我還有些懵懂，不過這十幾年驗證下來，確實如此。因為有了這些生命經驗，我才可以創造出一個真正符合毛孩所需的新系統，我把它命名為「平衡療育」。

什麼是「平衡療育」？

平衡，顧名思義就是一種穩定的最佳狀態；至於「療育」，我選這個「育」字，是想取其孕育、養育的意思。簡單來說，只要運用這套系統，幫助毛孩們將身體調理到平衡的最佳狀態，就不會陷入前面所說的無限痛苦的迴圈當中，你們就能一起共度高品質的幸福時光。這是個雙贏的結果，不是嗎？

為什麼身體需要平衡？失衡會怎樣呢？其實，所有的疾病，萬病之源都起於身體失衡。生物體是一個很精妙的結構，我們在唸醫學的時候，生物化學是必修，它真的跟普通化學幾乎是完全不同的，因為生物體有很多合成路徑，就以減肥來說，從化學理論來看，阻斷形成脂肪的路徑，應該就會瘦了，可是生物體內往往卻不是這樣運作的，因為生物體的生化反應路徑太複雜，你阻斷一條，可能就會在其他條引發代償效應（並非原先預期發生的，身體的自我保護機制），所以很有可能不但沒瘦，反而更胖。

再舉一個我自己親身的經驗做說明，大家應該就會更清楚什麼是

代償效應。八年前，我在一個月內做過手臂及全身腹部的環型抽脂（就是肚子、兩側腰，加上後腰這整圈），抽脂之前，我的體脂率是百分之二十六，抽完之後反而瞬間暴增，變成百分之三十一。

我跟幾位醫師朋友討論為何會如此？最後我們發現，應該就是因為所謂的代償反應。因為身體瞬間被拿走太多脂肪，自我評估可能遇到危險（例如身體可能覺得有飢荒之類的），才啟動了自我保護的機制，使體脂率瞬間升高。自此之後，我的體脂率就一直很難下降。這個故事也可以解釋為是我瞬間讓自己身體失衡，所以後續體脂肪就變得很難下降。

以毛孩的疾病來說，其中很多是自體免疫的疾病，這也是一種身體失衡。例如：異位性皮膚炎、貓口炎、自體免疫溶血性貧血…等。這種疾病屬於自己的細胞認不得自己的細胞，簡單來說，就是在打仗時，自己人認不得自己人，以為對方是敵軍，然後瘋狂的自己對打。你可以想像這說多慘就有多慘吧！所以免疫力並不是越高越好，而是應該維持平衡；就像雨不是下越多越好，太多會淹水，太少會缺水，必須要剛好，才是最佳狀態。

失衡就會導致身體發炎，如果身體持續的急性發炎，一直沒有緩和下來（例如一直持續接觸過敏原），長時間下來，就會變成慢性發炎，那就要花很多的時間調理，才有可能漸漸恢復平衡。很多人不容易瘦下來，也是因為身體常常處於發炎的狀態，那就必須先處理完發炎，讓身體達到平衡，才有可能會瘦下來。

當然，會導致發炎的可能有非常多，如果要找出毛孩發炎的源頭，就要經由專門的「寵物健康療育師」來幫毛孩們「抓漏」，必須清楚的知道毛孩的生活環境、飲食、生活習慣、檢驗數值，才能進行綜合評估分析，找出根源，然後擊破，這樣才能一勞永逸，不會一直反覆處在恐怖的無限循環中。

再來我們要來聊聊怎麼做到「平衡」。前面已經說到了一部分，那就是做好預防的工作。具體要怎麼執行呢？如果你有以下這個可怕的觀念，請立刻、馬上把它去除、丟棄。那就是「等到出問題再來想辦法解決」。如果你沒有立刻丟棄這個觀念，那麼我敢說，你將怎麼也跳脫不了原先可怕的迴圈。中國古話常說「防患於未然」，沒錯，最有效的辦法就是在事情發生之前，先阻斷發生的可能。因此，運用

好的保健品來做調理預防是非常重要的。雖然現在是凡事講求快速的時代，但偏偏健康無法一蹴可及，是需要投入時間灌溉才能成長好轉的。「生命，沒有後悔的本錢」，千萬不要等到問題發生了，才來自責愧疚，抱憾終身。

「天然萃取」比「天然ㄟ」更好

這時候你可能會想到一個問題：既然植物那麼好，為什麼我們不讓毛孩吃真正的植物就好，而要讓他們吃植物萃取的保健品呢？

那是因為，吃真的植物，要攝取到非常大的量才能起作用，而且吸收率也沒有經過萃取的效果那麼好。

舉個例子，相信你應該聽過「喝葡萄酒對身體好」，但你知道那要喝多少的量嗎？國外有學者做過換算研究，基本上每天要喝大概十幾瓶那麼多的葡萄酒，才可以攝取到足夠的多酚跟白藜蘆醇。但在攝

取多酚與白藜蘆醇抗氧化的同時，你會先酒精中毒，對吧！這也就是為什麼必須要給毛孩吃植物天然萃取的天然保健品的原因，因為這樣就可以輕鬆達到有效作用量了！經過生物科技的萃取，補充少少的量，就可以讓毛孩得到該補充的營養；而且經過特殊的製程技術，還能有效提高吸收利用率。

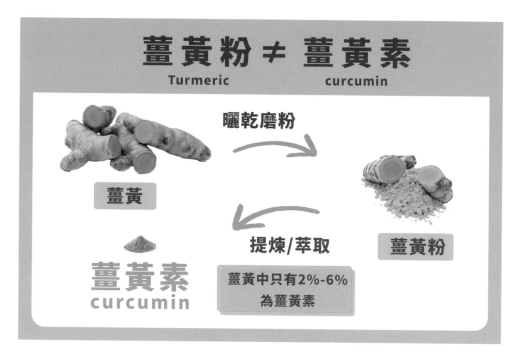

再舉個例子來詳細說明一下：薑黃、薑黃粉、薑黃素、微脂化薑黃素，這些東西很多人大概都傻傻分不清楚，覺得是一樣的。NO！如果你也這樣想，那可就大錯特錯了。我就來跟大家說說其中的差異吧！薑黃粉，是薑黃曬乾磨成粉；而薑黃素，則是存在於薑黃中很微量的成分，約百分之二到六，視品種而定。通常我們要的所謂有效成分是指薑黃素。這時候你可能會想，那我就買薑黃素回來給毛孩吃就好了。但沒有經過特殊配方設計的薑黃素極難被生物體吸收，說白了，你買了貴桑桑的純薑黃素也是無效，吃了也是白吃，根本吸收不

了，所以經過專業配方師設計的配方才會那麼值錢啊！我之前幫很多大牌子操刀開配方，一個配方開價動輒都是幾十萬到幾百萬之間，視配方難易度而定。總之，這絕對不是想像中那麼簡單的事。

說到這裡你可能會想：那⋯⋯還有一個微脂化薑黃素，那又是什麼東西？簡單來說，那是經過高端的生物科技，先把薑黃素分子變小，再透過特殊的處理技術，在薑黃素的外層包裹親脂性的物質當作載體（可以用開車來想像，車子裡的人是薑黃素，車子就是外面包覆的親脂化載體），因為前面已經提過，薑黃素很難被吸收利用，而且薑黃素本身是親脂性的，生物的細胞也是親脂性的，這樣就能提升吸收率。如果選擇「寵物專用微脂化薑黃素」，再加上專業配方師的配方成分搭配，就可以讓功效加倍。

看到這裡，或許你心裡也有點認同植物萃取的保健品的好處了，那又要怎麼選才對呢？別急，我在後面章節會告訴你！

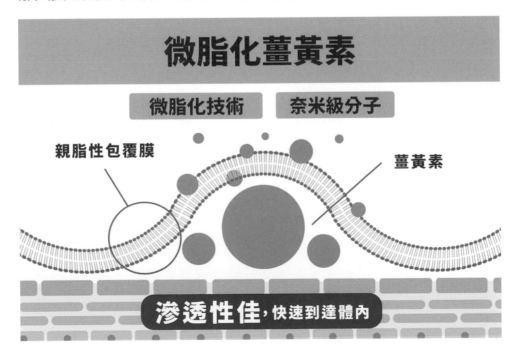

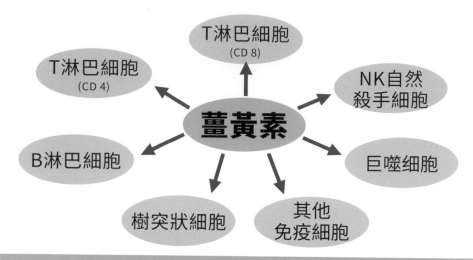

薑黃素對各種免疫細胞的調節

薑黃素對不同類型免疫細胞的作用

薑黃素調節自身免疫性疾病

與薑黃素有關的免疫疾病

第 2 章

營養保健從毛孩出生後開始

看完了前章所述，很多人可能會想問：那到底什麼時候該幫毛孩補充保健品？

其實呢，最正確的時機是從出生開始補充，但這只是理想的情況。很多時候，你接到的並不是剛出生的毛孩，他有可能是被救援回來的、或者是從朋友手上或中途之家領養的。因此你們第一次見面，可能離他出生已經有一段時間了。這時候你可能會想：那這樣是不是就沒救了？No、No、No，只要有心，都是有辦法解決的。

雖然從出生開始是最理想的狀況，但不是從小開始保養也沒關係，不用擔心這樣是不是就太遲了，不會的。專業的寵物健康療育師

會依據每個毛孩不同的起始點、不同的時期跟狀況，量身制定專屬於每位毛孩的健康策略。所以，找到專業的寵物健康療育師很重要，這樣才能幫毛孩找到最適合他們、正確且完整的做法。

當然，可能的話，體質調理這等大事，還是越小開始越好！畢竟幼年時期很多系統尚未發育完全，如果這時營養不足，或是缺少某些必須的營養素，就會影響後續的成長發育。

但是，即使已經錯過了前期，我們還是可以逐步幫毛孩做調整，因為每位毛孩、每一個時期的體質狀態都不盡相同，有專人來確認毛孩的狀況，幫家長一起調理他們的體質，可以確保達到最佳的成效。只有親近且愛毛孩的人們一起齊心協力，才能為毛小孩創造最健康優質的幸福生活。

最有效的毛孩健康投資：保健品

在繼續細談毛孩的體質調理與保養之前，我希望替大家建立一個新觀念，就是「不要等到症狀發生的時候才去解決它，而是應該在還沒有症狀的時候就先阻斷可能的危機、做預防」。這部分在前面其實已經稍微提過了，這裡會再次強調，是因為家長有正確的觀念真的非常重要。如果我們凡事都習慣事情發生之後才解決的話，通常要根除問題就會需要更多的時間跟金錢，而毛小孩所受的苦也越多，這對於所有人來說都是一個非常不好的惡性循環，所以我希望能打破這種習慣。身為家長的我們，必須且應該要有預防的概念，要懂得為我們最愛的毛孩預先做準備。

　　像很多人都會詢問：是不是應該幫毛小孩買醫療險？事實上，所有的醫療險都會有一些限制，譬如：有的宣稱醫療費用理賠百分之八十，但是其實它是有單次理賠最高限額的。所以我覺得，與其把錢花在買保險，但還不一定用得著，不如就用這筆預算設立一個「健康基金」。

　　這是一個什麼樣的概念呢？簡單來說就是：「投資保健品，等於投資毛小孩的健康」，而不是用一個虛幻的所謂醫療保單，來幻想毛小孩的健康會因此得到保障。你回想看看你幫毛孩買醫療險的初心是什麼？是希望能夠用來賺錢嗎？我相信當然不可能！你應該是希望萬一有一天用得著的時候，這份保單可以給你一些幫助，多少有一些補貼。但是你再想想看，如果你把這些投資在保單上的錢，轉換一個投資標的，拿來投資毛孩的健康，是不是毛孩會發生這種需要緊急醫

療的狀況的可能性就可以降低呢？毛孩的體質如果是好的、平衡的，基本上一些疾病就不容易產生。你不覺得這個「投資健康」的概念，遠比你投資保單這件事情來得更正確、更有意義嗎？大家都說賺錢不容易，正因為錢得來不易，所以更應該要花在刀口上對吧！有錢人所謂的「投資」，是指他能夠因此得到更多的有效回報，所以，開始建立跟有錢人一樣的新思維，「投資健康」吧！用舊有的觀念持續做下去，只會讓你和毛孩陷入無限的舊迴圈當中，就像掉進流沙一般，別人想要拉你也不一定拉得起來。

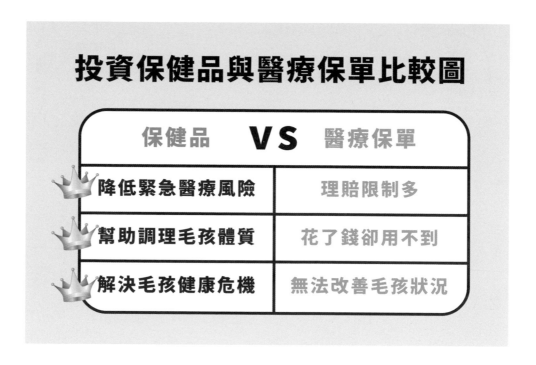

投資保健品與醫療保單比較圖

保健品	**VS**	醫療保單
降低緊急醫療風險		理賠限制多
幫助調理毛孩體質		花了錢卻用不到
解決毛孩健康危機		無法改善毛孩狀況

　　大家都說轉念很重要，沒錯，思維的轉變往往就是一瞬間，但卻可以大大改變毛孩的一生。所以，在這裡再次提醒你，不要再沿用舊有的思維跟觀念、持續舊有的做法了，這樣問題永遠無法解決，而且會越陷越深。愛因斯坦有一句名言：「瘋子，就是重複做同樣的事

情，還期待會出現不同的結果。」所以現在立刻敞開你的腦袋，打破原先的那些框架，重啟你的思維吧！

自然醫學與保養帶來的「毛奇蹟」

自然醫學—
從天然草本的療法

當然，在臺灣現有的醫療體系架構下，如果你去諮詢獸醫，他十之八九會跟你說保健品沒有用，那不是藥。是的，因為在他這麼多年以來的養成教育中，從來沒有人告訴過他，保健品究竟怎樣使用才是對的，他大概也沒有花時間研究過。

但是在國外，獸醫可不是以這樣的心態看待保健品，他們其實是以很開放的心態接受自然醫學的！那不是傳統的西醫，也不是傳統的中醫，它是用天然草本療法來解決一些疾病的問題。像是歐美、德

國，現在都有使用自然醫學做搭配的療法。雖然自然醫學不見得是主流性的治療手段，但是它可以跟主流性的醫療做搭配。反觀臺灣仍然很少見到這種觀念，基本上可以説是沒有。臺灣的獸醫大部分都很排斥保健品，他們根本不相信這些，是因為沒有人教過他們。但國外已經證實這是有效的，甚至有些病真的是醫藥所無法解決的，只能靠天然的保健品維持平衡，進而打造體內的健康環境、健康的菌叢生態等等。

我專精於這個領域，已經有差不多十多年的時間了，一直不斷的在研究、測試。經過了幾萬隻毛孩的實測，我們發現使用自然醫學與保健品是真的有差別，而且能創造很大的差距。

舉個很親切的例子作為説明，可能會更清楚。有保養沒保養，老了一目了然。你可能會説：怎麼可能？你憑什麼説得那麼篤定？就以五十幾歲的女人去參加同學會為例，有些女人去參加同學會的時候，老同學們都會嚇呆，説：「哇塞！你怎麼跟以前一模一樣，你都沒變耶！歲月都沒有在你身上留下痕跡耶！你都是怎麼保養的啊？趕快教教我們吧！」可是相反的，有些女人就很慘啊！缺乏保養概念的女人也會讓同學們驚呆：大家發現年輕時天生麗質的美女，怎麼來了個大走鐘？沒錯，晚年就是見真章的時候了！一個年輕時就持續有在保養的人，跟一個沒有保養習慣的人，到老年時，兩人之間就會有一段很大的落差！

所以你千萬不要告訴我毛孩保養沒有用，那是因為你沒有試過。不過等到真正試過各式各樣的方法都無效，才想要來試的話，那時候

通常都為時已晚了，後悔都來不及。因為調養保健是需要時間的，它並不像吃藥，可能一、兩週就能見效。我遇過的有些個案，正是因為用藥都沒效了，才開始找各種偏方、尋求各方的資源。那往往需要花更長的時間才能有所改善，可是也許毛孩僅剩的壽命，已經根本支撐不到有效的方法見效的時候。因為毛孩本身的基底都被破壞光了，已經沒有那麼多的時間來讓你幫他做修復。那時候真的是為時已晚，而且主人都會後悔莫及。

而我已經接觸了太多的個案，都是這樣的狀況，那種痛真的非常令人難過。我不希望有一天你們會經歷到這種事，然後才後悔莫及，後悔自己曾經的決定，因為千金難買早知道。所以我現在就可以告訴你：健康是需要投資的，應該要及早做準備、及早預防，就可以避免這樣的憾事發生。

當然我也遇過一些從死神手上搶救生命的案例，最後也確實有搶救回來，不過那真的耗費很多心力跟時間。

我有一個案例，是一隻柯基犬，他因為毛囊蟲發作，原本應該漂亮的毛髮變得一片焦黑，全身沒有一處是完好的，身體因此變得非常虛弱，醫生也說沒有藥可用了。毛孩的主人甚至都已經問好安樂死的價錢了，他不是不想救毛孩，是真的找不到方法，也真的不忍心毛孩繼續受苦。當時各種稀奇古怪的東西他都試過了，甚至在毛孩身上抹麻油，這種奇怪的偏方他也試了，可是依舊沒用！最後，他半信半疑的找到我，透過我給他的一些健康方面的建議，雙方共同努力，把這隻毛孩從死神的手中救了回來，而且讓他變成健健康康的毛小孩，連他的朋友都以為他換了一隻狗！事實上並沒有，只是原本那隻毛孩變健康了、變漂亮了，漂亮得讓朋友們都認不出來。

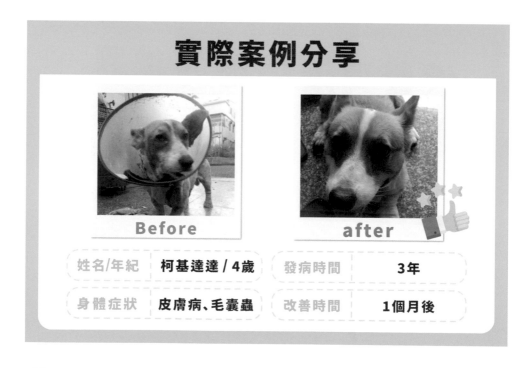

實際案例分享

Before　　　　　　　　after

姓名/年紀	柯基達達 / 4歲	發病時間	3年
身體症狀	皮膚病、毛囊蟲	改善時間	1個月後

這個案例令我非常的感動，因為這位毛爸爸不顧家人的反對，堅持要試試我的辦法。這就像是他的最後一根救命稻草，他決定要放手一搏，孤注一擲，當時周圍的人都跟他說這是騙人的，叫他不要照做，但因為有他全心全力的配合，真的治好了這個毛小孩，跌破大家的眼鏡，把他寶貝的命從鬼門關裡搶救回來。

　　這位毛爸爸是一個南部人，完全不會用3C設備，他為了要讓更多愛毛孩的主人們知道有這樣的良方，甚至想方設法請朋友教他怎麼使用手機，然後錄了一個短影片給我們。他告訴我：那支影片錄得不好，但是他已經盡力了。因為他想要讓更多有需要的毛爸媽們知道什麼東西是有用的，可以真正幫助毛孩變得健康，得到毛奇蹟。他想透過這支影片傳遞給更多需要的毛爸媽們。所以他告訴我，一定要把影片分享出去。

　　這件事讓我非常動容，也讓我大受鼓舞。我在這邊也想謝謝他願意跟我們一起努力，讓他的毛孩變健康、變漂亮、變快樂。

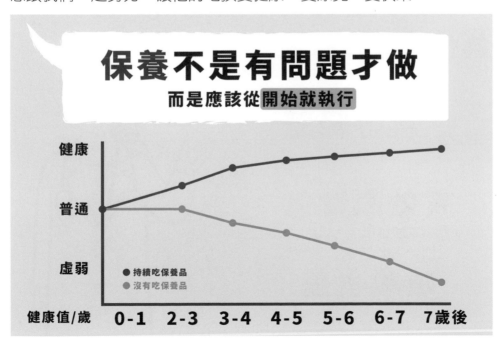

第 3 章 🍃

保健食品的關鍵知識

為什麼你買過的保健品總是沒效？

　　大多數人會有一個迷思，就是覺得保健品是沒有用的，這是一個嚴重錯誤的觀念。你知道保健品的原料本身就分很多等級嗎？就連人用的也是！為什麼常見的寵物保健食品，有一瓶幾百塊、也有一瓶好幾千的？那是因為使用的原料品質完全不一樣啊！你總不可能覺得愛馬仕的包包跟地攤賣的包包，材質、做工是差不多的吧？它們用的原材料、皮革等級、製作工序完全是不一樣的啊！

那麼，大部分的一般寵物保健食品，為什麼會沒有效？

原料等級差

有效劑量低

吸收也差

因為呢，市面上絕大部分的寵物保健食品，都是使用剩料來做的。什麼是「剩料」呢？就是把一些有效成分萃取出來之後，用剩下來的渣渣做的。但這還算是好的喔，還有一些是用飼料級、或是化工等級的原料來做的。相信你應該多少聽過吧，很多毛孩吃的飼料，是怎麼製成的呢？就是把剩下的雞脖子、雞皮、雞骨頭、雞頭、內臟⋯等，混在一起之後製成肉粉，然後再做成乾飼料，或者是加到罐頭裡面，就很像是我們人類吃的雞塊的做法，只是他們使用的原料等級又更差。

唉！說到這裡我都無言了。我永遠都忘不了之前我在杭州常駐工作的時候，辦公室樓下就是世界知名的寵物飼料品牌的飼料製作區，每次經過樓下我都怕得要死，因為裡面滿滿的蒼蠅，超級恐怖的。那個環境之髒亂、可怕真的是讓我不知道該怎麼形容，但那個畫面永遠都留在我的心裡。

化學或剩料帶來的副作用

這些都是一個更嚴重的問題
未來需要花更多的時間與金錢來解決

· 發炎
· 肥胖
· 內分泌失調
· 體內失去平衡
· 細胞敏感性變差
· 免疫系統的紛亂

化學
剩料

後來我忍不住開始研究：市面上的毛孩產品都是怎麼製成的？越研究我越害怕，後來我完全不敢給我家寶貝吃外面的東西。我剛開始自己做寵物保健品的時候，也曾被原料商取笑：怎麼會有人用這些原料來製作呀？拿這麼貴的東西給寵物吃，你是哪裡有毛病啊？他們都笑我是瘋子，但我並不在乎，因為我覺得毛孩就是我的寶貝，我的寶貝當然要吃最好的，我的孩子怎麼可以用差的東西，更何況是連我都不敢碰的東西，怎麼敢給他們用呢？

所以，大部分的寵物保健食品沒什麼用，真正的原因是因為他們用的是飼料級或化工級的原物料，這樣的產品不僅吸收率非常差，對毛孩的身體沒有幫助，服用了甚至可能會有反效果！所以你們當然會覺得保健品好像有吃沒吃都沒有差別，那是因為不好的東西沒有成效，而不是保健品都沒有用。還有很多產品行銷時會主打自家產品含有什麼什麼營養，事實上用的不僅是等級差的原料，還只放一點點。

像前陣子，我在跟幾位獸醫聊天時，家都在說毛孩吃葉黃素沒效。沒錯，吃市面上絕大多數的葉黃素保養眼睛當然沒有效。當時我反問他們：你們知道為什麼沒有效嗎？我請他們去看看市售葉黃素的劑量，連同國外的品牌一起參考，結果咧，含量通通都是幾毫克（個位數字）而已。你知道嗎？一大顆膠囊裡面可以裝五百毫克，但卻只有幾毫克的有效劑量而已！（幾百分之一的概念。）那當然是沒效的啊！我看到那個配方之後也覺得，會有效才有鬼，因為根本連有效劑量都沒有達到。既沒有達到有效劑量，使用的原料等級又不好，你說怎麼會有效？

劑型設計缺陷，花錢買熱量

　　另外，保健食品的劑型（產品的型態）也有很大的影響。坊間有很多保健產品做成錠劑，就是一顆一個，一咬會碎掉的那種，像我們常吃的藥錠就是錠劑。要做錠劑必須放非常多的賦形物，因為它必須要能壓縮成形。為了讓錠劑成形、且不會碎掉，所以你買的有效成分也是非常低的。你花錢買到的，絕大部分都是沒有用的賦形劑、或者是糖分，平白增加熱量而已。所以你家毛小孩越吃，身體越會逐漸走下坡，因為吃了還會有副作用，副作用很可能就是傷身體，或者是變肥胖！毛孩吃了多餘的熱量，就會囤積在身體裡、累積成脂肪，之後就會讓身體長時間處於慢性發炎的狀態，導致很多疾病慢慢地出現。你可能以為是因為毛孩年紀到了，身體自然老化，事實上是因為以前吃錯東西，沒有好好保養。所以選錯產品，不但花錢，而且傷身啊！

保健食品的劑型

錠劑	膠囊	粉狀
✘ 賦形物多	○ 成分易保存	○ 保存更多活性成分
✘ 成分劑量少	○ 成分不被壓縮	○ 幫助腸胃吸收

**製作成錠劑的保健食品，往往有比較多的添加物
建議選擇膠囊或是粉狀的保健品喔！**

禁不起考驗的配方，吃不到健康

再來是，很多寵物保健食品的配方，都是禁不起推敲的。怎麼說呢？你們應該看過有些肉條裡面含有漢方成分，然後說吃這個可以保健。你相信嗎？你知道肉條在製程中是需要加熱的嗎？將肉烘乾，沒有水分它才容易保存，不會壞掉。（人吃的肉乾製程差不多是一樣的，現在有很多肉乾店都是自製肉乾，而且有開放式的製作區，可以去觀察看看。）但是所謂的漢方中草藥植物，其實是很怕熱的，使用熱萃取法，很多真正有用的活性成分都會死光光！

再來，把漢方成分放在肉條中，反而會阻礙有效成分的吸收。不是所有有效成分都是脂溶性，也有很多是水溶性的，放在肉條中就無法被吸收利用。再加上有效成分又不足量，完全就只是一個吃心安的東西。

更可怕的是，一條肉乾的熱量也不低，有的會到一百卡以上。這樣吃下來，一個月就會長胖不少了！長久下來，怎樣想都會過胖，之後衍生的疾病更是超級多。

這時候你可能會想：為什麼廠商會這樣設計呢？那是因為，很多主人會想：如果好餵食，毛孩們也愛吃的話，我省得麻煩，他們也省事，那我就可以多買一點啊！沒人會跟主人們說，長期讓毛孩食用這種產品，可能會產生很多後續衍生的問題。不幸的是，通常廠商考慮的出發點，並不是毛孩吃了健不健康，而是產品好不好賣。並不是所有的廠商都是真心把毛孩們當作自己的寶貝，很多人是因為覺得有商機才踏入這一行的。

保健配方零食要注意

- 保健成分稀少
- 易攝取過多熱量
- 成分毛孩不易吸收

再舉一個實際例子：有一次我聽到一群小學生在聊天，其中一個說「我都有吃益生菌」，然後就拿出一包益生菌軟糖，跟同學說：我一天吃很多顆，我都有在做身體保養，我媽也說吃這個對身體很好。那個產品在超商也有賣，於是有次經過，我就特別去看了一下裡面的成分。不看還好，一看嚇死人！裡面的有效成分超級低，那其他成分大部分是什麼呢？糖、糖、糖……就是糖，不要懷疑。

所以為什麼現在的胖小孩那麼多，甚至很多很年輕就有三高（高血壓、高血脂、高血糖）？可怕的是，小孩還很自豪的跟同學炫耀說自己有在吃保健品，我覺得這根本就是汙名化保健品。那賣的是糖，那叫作軟糖，只不過是加了一點點益生菌的軟糖。更讓我感到奇怪的是，軟糖的製作要用熱製法，但益生菌是很怕熱的，所以這是一個超級令人匪夷所思的狀況。

簡單來說，就算裡面有添加益生菌，也是一定不會有用的，所以這又是一個吃心安的東西。但為什麼會有這樣的產品呢？原因是一樣的：因為小孩愛吃、有銷量啊！

另外，大部分保健食品的配方設計師，都沒有做過寵物保健品的經驗。很多人會覺得：那麼獸醫總該很懂吧？並不會，因為獸醫的教育養成過程中，並不包含寵物保健品配置學。你可能又會想：那營養師總該很懂了吧？但是營養師的學程裡面也沒有教授動物營養的課程，而且動物所需要的營養跟人是不同的，吸收轉換率也是不同的，必須額外花很多的時間跟精力去研究。當然，在保健食品配方師的養成過程中，也沒有培養寵物配方師的專門課程。

我自己也是經過非常多年的研究實測，才得到這些結果的。這些經驗需要耗費很多的時間、精力、金錢，並且做很多的研究才能得到。我覺得如果沒有對毛孩們絕對真誠的愛，是沒有辦法做到的。我之所以能努力堅持，也是因為我延續了對「小熊」的那份愛，盡一切努力，只為了守住我對他的承諾！我常說：「愛，是世界上最美好、最大的能量。」這是真的，愛可以讓人堅持完成很多偉大的成果，包含我之所以想要研發系統，而不僅僅止步於做產品，最大的原因，就是想要擴大延伸這份愛，讓更多的毛孩享受健康幸福的生活。毛孩的幸福笑容，就是我持續研發創造的動力。

便宜又大碗的產品怎麼來的？

講到這裡，我們可以統整出為什麼坊間賣的很多產品都沒有效，原因主要就是：原料的等級落差很大、有效成分劑量的不足、吸收轉換率差，以及劑型設計的缺陷。

以上這些就造成了一般人常有的印象：保健品很貴，又沒有效。但這時候你可能會想，可是還是有一些是有效的耶！那是因為，像是使用化工等級的原物料，其實成本是很便宜的，廠商為了一些基本的有效性，會把劑量提升，因為廠商也知道自家產品的吸收轉換率不夠好，所以就會把有效成分的含量刻意拉高，這是為了讓消費者有感，創造物超所值的感覺。但是老實說，如果是天然的成分，不用放到那麼多的劑量，而且效果還會更好，因為天然跟合成的吸收轉換率本身就差很多。

再來，以成本控制來說，化工等級的原物料或是剩料，它本身的成本就超級便宜，所以就算放很多，成本也還是比天然植物萃取來得低很多。很多廠商會利用這點，創造出「同樣的錢，你好像買到很多顆，而且有效成分含量又很高」的假象，但是呢，實際上這種產品必須要攝取非常多，才可能會有一點點的效果！畢竟吸收率的事實擺在那邊，合成的吸收轉換率就是比較差。我個人從各種綜合狀況來考量的話，其實完全不建議使用這樣的產品。

這時很多人會說：買便宜大碗的，就是因為天然植物萃取的產品很貴啊！對啊，它當然很貴。舉例來說，大概要兩百五十公斤的薑黃，才能萃取出一公斤珍貴的薑黃素，然後必須再經過專利特殊技術

的製程，才能變成好吸收、能提高生物利用活性的薑黃素。最後還要經由專業的配方師開配方，再跟其他成分做搭配，進而起到加乘效果。想想這每一個環節得要花掉多少錢？兩百五十公斤的薑黃，現在市售價格大概是一公斤九十元，所以光是薑黃的成本，就要兩萬兩千五百元，後面製程的成本都還沒有算進去。這樣你不覺得直接買做好的產品，其實非常划算嗎？而且又可以確保營養成分的品質，也不會吸收到生物體不需要的東西。

以價格來看，市售的一般保健品，每瓶平均大概是四百到五百元以上，天然植物萃取的一瓶則要快兩千元。從這種價差看來，你可能覺得天然植物萃取的產品超級貴對吧？但我們換一個算法，如果是一般市售的保健品，可能要吃到十二罐以上，才抵得上一瓶快兩千元的天然保健品的成效。十二瓶一般保健品，大概要花你四千八到六千元以上，這樣你還覺得貴嗎？

珍貴且稀少的薑黃素

250公斤的薑黃
（市售約$22,500元）

1公斤的薑黃素

你原先覺得便宜的東西，真的有便宜到嗎？說實話，它其實既燒錢，又浪費你寶貴的時間，還可能讓毛小孩白受苦。前面已經提及那些化學的產品或者是剩料可能帶來的副作用，這些也是無形的成本，而且還會再不斷往上累加，因為它會導致很多其他的問題產生，像是肥胖、發炎、細胞敏感性變差、失衡、免疫系統的紛亂、內分泌的失調，這些都是更嚴重的問題，未來需要花更多的時間跟金錢來解決，還讓毛孩白白受苦！

　　健康是真的不能省的，更何況是實際上也完全沒省到、反而還更貴。你說是不是？

植物萃取的保健食品好在哪？

　　為什麼愛毛孩的人，都使用植物萃取的保健食品？

　　前面提過「是藥三分毒」，也提到保健調理應從小就做起，但不管是中藥或西藥，都是有一定毒性的，只是多或少而已；食療自然不會有這方面的問題，只是有效成分含量低、生物體也未必好吸收，所以能起到的效果也很有限。

　　毛孩就是我們的家人、是我們的小孩，所以當然要給他最好的。我不敢吃的、我不能用的，我一定也不會讓他們用。所以我在做配方的時候，用的一定是最好的原物料，甚至一定是人類可使用等級裡面最高的那種。

而天然的當然是最好的，因為裡面有很多植化素，以及一些微量元素。經過專業萃取技術，這些東西的有效成分還是可以保留的。一直以來我都認為，大地上所長出來的東西，全部都是大地之母孕育出來的，所以所有的東西都有能量！古話説「匯集天地之氣」，所有的能量源自於大地的精華，而所有大地的養分都聚集在植物中，我覺得説得一點都沒錯。然後我們經由生物科技專業萃取技術，把這些有效的成分給精萃、提煉出來，毛孩就可以吃到更精純的營養。如果是一般的植物，前面也提過了，就要吃到非常多的量，才可能得到一點點毛孩所需要的營養，而且吸收率也非常差；沒有辦法吸收，當然就更遑論可以利用。

　　再來還有一個問題，就是毛小孩的代謝遠比人類快得多，所以一點點的毒性，對他來講都是非常的毒。大家也知道，現在的環境汙染

非常嚴重，跟古早純淨無汙染的時代是無法相比的，所以現在如果直接給毛孩吃植物，還要擔心有沒有農藥殘留的問題？有沒有重金屬汙染？會不會有環境荷爾蒙的汙染…等之類的，阿哩阿雜的問題是一大堆啊！所以直接食用植物真的會比較健康嗎？當然不會啊，因為你要擔心的問題根本沒有比較少，反而更多。所以選用天然植物萃取、已經把所有不好的成分全部去除的保健品，你收到的東西就會是最精純的，不僅不需要擔心了，也是毛孩他們最需要的，這樣不是對大家都好嗎？

植物萃取的成分，它的吸收率、生物利用率都會提升，因為我們生物體本身與生俱來設計的機制，就是要吸收這些天然植物草本內的營養。你想想看，原始時代在野外生存的人們跟動物是不是這樣呢？就像野生的猴子，牠們肚子餓會找東西吃，如果沒有肉、魚之類的可以吃，牠們就會摘果子、吃植物。

再來，植物裡面蘊含的很多能量跟微量元素、植化素，這些成分以現有的科學想要分析仿製，其實還是非常難的，因為裡面的成分極為複雜，可能含有上千種、甚至上萬種成分。有的元素雖然微量，但它就是生物體平衡機制的關鍵，有時候毛孩可能就是缺少那麼一點點的東西，身體內部系統才會失衡，可是你也無從得知。所以才會有很多人說天然的食物比較營養，推行吃原型食物、全食物，就是這個原因。

舉例來說，一般人在吃蘋果的時候很少吃皮，但事實上，果皮與果肉之間的部分，才是真正營養價值豐富的地方，可是很多人都把它

削掉、丟棄了，根本沒有吃進去。這時選用全食物萃取製成的保健品，就可以解決像這類營養素失衡的問題。其實生物體會缺少某些營養，就是因為偏食，但你不愛吃的東西裡面，偏偏有你最需要補充的營養素跟成分。因為長期都沒有攝取，長期缺乏，所以就逐漸失衡，而補充營養品的用意就在這裡，當然對毛孩而言也是一樣的。

天然植萃的6大好處

1 沒有農藥殘留
沒有農藥殘留，
讓毛孩吃得健康又安心

2 不含重金屬
沒有重金屬汙染，
對毛孩健康很重要！

3 沒有環境荷爾蒙的汙染
環境荷爾蒙
會干擾毛孩的內分泌系統

4 高吸收率
把有效成分精粹提煉，
讓毛孩完整吸收

5 對環境友善
取自天然的原物料易分解，
對環境很友善

6 精純度高
過濾掉不好的雜質，
保留對毛孩有用的成分

內部系統平衡的重要性

我們這套系統「平衡療育」，最主要的重點就是「平衡」，也就是一種穩定的最佳狀態，因為只有達成穩定平衡的最佳狀態下，生物體的免疫調控機制才能正常的運作。免疫力過高或過低都是不行的，這個在前面的章節也已經談過了。其實生物體在初始狀態下，應該就是平衡的，只是因為比如遺傳因素，或者從娘胎裡帶來了一些東

西，再到後來環境跟飲食的不正確而導致失衡。持續未察覺的後果就是失衡越來越嚴重，但有時我們就算察覺到了，也常常一直不予理會，如此就會加速一些疾病的產生。所以平衡是非常重要、也是唯一的解方。只要處在平衡的最佳狀態，身體就一定是健康的，就算外面的細菌病毒想要入侵，也無法如願。

舉一個大家都知道的例子，身為毛孩的父母，特別是養狗的毛爸媽們，特別擔心毛孩有心絲蟲的問題對吧！心絲蟲病是一種寄生蟲造成的疾病，寄生蟲的幼蟲會在蚊子體內發育成具感染力的幼蟲，再透過蚊子叮咬時造成的傷口寄生到宿主體內，在這邊宿主指的就是毛小孩。這時候你可能會想：那被帶原的蚊子叮到，就一定會得心絲蟲病囉？No，並不一定如此，不是被叮到就一定會得病，寄生蟲必須在條件適合的狀態下才能寄生。但是什麼樣的條件才叫作適合呢？簡單來說，寄生蟲需要的是毛孩的免疫力低下或紛亂的狀態，這兩種狀態都會讓毛孩的免疫系統無法正常運行。寄生蟲必須在溫度、濕度等環境各方面適合它成長的狀態下才能生存，如果今天是一隻免疫力調控得好的毛孩被叮咬，那基本上寄生蟲很快就會死掉，可能以蟲卵的形式，藉由糞便排出毛孩體外，伺機尋找下一位宿主。所以，如果是免疫力調控得好的毛孩，基本上被咬到也不會得病，因為他的防護系統會正確的運作。我們最怕的就是天然防護失衡、當機呀！

說真的，要是毛孩真的被寄生了，遇到這種情況，醫生能給的藥就是殺蟲劑，但醫生也很怕，因為萬一蟲死在心臟附近，那可就嚴重

了。毛孩心臟的血管那麼細小，如果蟲死在裡面，萬一造成阻塞，那是來不及救的，所以是很可怕的一件事。

看到這裡，你還會認為保健不重要、免疫力平衡不重要嗎？

第 4 章

因為愛，更要精打細算

看到這裡，相信你已經知道天然的保健食品比較好了，既然如此，為什麼大家都不買？在這裡我必須很實際的告訴你，大概有兩種可能：

一、很多人並不知道天然的比較好，因為他們可能只是看有效成分的含量多寡，可是前面已經提過了，這會創造出假象，買了含量高的，也有可能很難吸收，因此效果並不會比較好。

二、為什麼有些人的確知道天然的比較好但是卻沒有買？重點就一個字：貴。前面已經舉過例子，光是兩百五十公斤的薑黃就要價多少錢了？更何況還經過後續一連串專業高階人士操刀的精準專業製程，然後還要調配方，加乘效果，再做成產品。你想想看，這樣一個產品光是成本就有多麼的高？對吧！所以它很貴，是因為成本真的非常高。也是因為這個原因，所以很多人都用不到，光是聽到價錢可能就止步了，根本不曉得實際上到底有什麼差別？直到今天，我相信你看了這本書之後，你才會知道：噢！原來價錢高低真的有差，而且差距這麼大。

看起來貴的，真的貴嗎？

價錢和品質是相關的，像我只拿最好的東西給毛寶貝，因為毛小孩就是我的家人，給自己的家人使用，難道能用次等的東西嗎？No，當

然不行。所以呢，我只用人類可使用的等級裡面最高級的東西來做毛孩的產品，也就是説，我給毛孩吃的我都敢吃、我都能吃、我都願意吃，就是因為我用的原料、素材和人用的都一樣，都是最好的。我只願意給我愛的家人最好的東西，絕不接受次等，而我相信愛毛孩的你也跟我一樣，有這個觀念跟堅持。

説真的，你拿起計算機來算一算，就像前面所説的，這樣真的算貴嗎？化工的東西可能要吃個十幾瓶，才會有也許那麼一點點作用，但天然的東西只要吃一瓶就會有感，這樣真的算貴嗎？

再告訴你一個實際的案例，我有一個個案，他家的毛孩異位性皮膚炎反覆發作，這幾年下來，他花了五十幾萬台幣在救他的毛孩，但就是一直不見成效，情況時好時壞。後來，他在半信半疑下知道我的產品，於是使用植物天然萃取的保健食品，搭配我們建議的飲食方式跟飼養環境，結果八個月後毛孩的病就全好了，並且沒再復發。換算成金額的話，他花了不到三萬元就治好了毛孩。五十幾萬跟三萬，你覺得哪一個划算、哪一個貴？哪一個值得？我們都還沒把時間成本算進去喔！我覺得很多時候人們對於數字會有迷思，但不要只看單次的數字，我們應該重視的是價值跟結果！

再來算算醫藥費，一直反覆的持續跑醫院、看醫生，一次醫藥費大概也需要花個一千五百元，再加上車程跟時間的成本，一個月少説也要破萬元；植物天然萃取的保健食品，一個月不過就花你不到

四、五千元的錢，但可以達到更好的效果。這樣比較起來，乍看之下貴的，真的有比較貴嗎？沒有吧！省時間又省成本、成效還更好，何樂而不為呢？

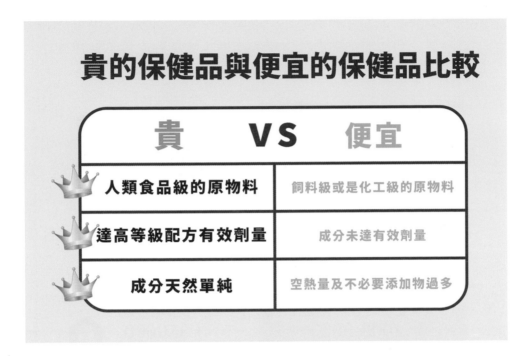

毛孩的健康快樂與陪伴值多少？無價！

再者，你認為毛孩的健康價值多少錢？我不知道你的看法，但我認為是無價的。毛孩就是我的家人，所以花再多的錢都可以，只要能救他、甚至只是減少他的痛苦，我都願意。我也曾遇過好幾個個案，他們甚至把毛孩帶去美國看醫生、做治療，因為那些療程是臺灣沒有的。可是專程跑去美國，毛孩不僅要被隔離，還要孤獨的一個人在那邊待著，主人也不能接近他，所花費的時間成本我們就不要計算了，這時候毛孩心裡該有多苦？有多害怕？在一個陌生的環境，隻身待在

醫療院所，還孤單一人。主人雖然傾家盪產救治他，可是回來之後呢？沒有做好術後護理保養，一樣還會再復發，雖然多少延續了一些壽命，但毛孩在這樣的過程中是很痛苦的，身心都苦，而且過沒多久可能還是要走。所以你認為天然的保健品這樣算貴嗎？可以維持毛孩的生活品質、可以讓你們自在快樂的相處，這樣到底算不算貴呢？

而且，透過保健讓毛孩的身體平衡，毛孩就可以陪我們更久。也許有時你會覺得有些化工的產品有效，但那可能只是一時的。可能初期的時候你貪便宜、也許是覺得有吃總比沒吃好，而選擇了這些產品，但是也許毛孩原本可以陪伴你十五年、甚至二十年，就因為你選擇化工的產品，這個數字可能就變成十年之類的。花錢如果可以買到這五年的時間，這樣不值得嗎？五年有一千八百二十五個日子，說真的也不算長，但是如果我們只要做出正確的選擇，就可以為你們之間

多爭取到這一千八百二十五個日子，我認為是非常划算的，因為你們相處的時光，是根本無法以金錢來衡量的。一旦錯過了，再有錢的人也買不回這些時光。

化工的產品，一百個當中可能只有兩、三個有效，而且要吃非常多；而天然的產品，基本上如果是使用正確的處理方式，再加上正確的配方，全食物、全植物的概念製作的話，百分之九十以上都會有用。你不覺得這個數字落差超級大嗎？錢要花在刀口上，我希望大家最後花在毛孩身上的錢，不是用來延命、續命，不是為了讓他們過這種沒有品質的日子，而是真的能夠讓他們度過高品質的每一天，直到晚年，讓你們彼此一起開開心心的度過每一個日子。

這時候你可能會想：那天然產品剩下的百分之十呢？那就要靠寵物健康療育師的專業了。他會依據每一個毛孩不同的狀況跟體質

基準點，來運用全食物全植物萃取的保健品，做最佳的搭配。當然飲食、環境等等因素也要配合。

這樣看下來，你覺得哪一個划算呢？相信應該看得出來，選用植物天然萃取的保健食品是相對划算，而且省時省力的！重點是，讓我們和毛孩相處的幸福時光延長、毛孩免受痛苦，可以過有品質的晚年生活……這些更是無價的。我希望在所有毛孩們有限的生命中，他們直到最後一刻都是健康快樂的，而不是他等著主人為他痛苦的延命。說真的，那時候你就會陷入一個救與不救的兩難，選擇救他的話，你會覺得自己很自私，因為明知道他很痛苦，可是你就是捨不得，你會不願意放手讓他走。與其陷入這種情境中，不如我們提前預防、做好準備，避免讓這樣的憾事發生。

辨別真正的「植物天然萃取」四大招

現在你可能會想要知道：要怎麼樣判斷一個產品是否是真正的植物天然萃取呢？其實有四個滿重要的檢核點：

一、如果產品成分標示上面，有很多你看不懂的化學名詞，那基本上就絕對不是植物天然萃取。

二、如果在一般保存條件下，這個產品很大一罐，那就代表它不怕潮濕，基本上這也不會是植物天然萃取，因為天然的成分非常怕潮濕，所以不可能做得很大罐。因此太大罐、容量大的，基本上也可以直接Out！

三、純天然植物萃取不可能是錠劑。前面也有說過，錠劑含有非常多的賦形物，為的是讓它可以定形且不碎裂，你花的銀兩大部分都

是用在買那些賦形物，有效成分非常少，因此這類產品超便宜。錠劑劑型可以直接Bye Bye了。

四、金額也是一個初步判斷的依據。簡單來說，那種幾百塊一瓶的，一定、絕對不可能是天然的，因為完全不符成本。請記得，人可能會做殺頭的生意，但絕對沒有人會做賠錢的生意。

如果以上這四點，有任何一項不符合，就可以直接刪除，根本不可能是植物天然萃取而成的了。

你可能會想：還有沒有什麼更簡單快速的方式，不用自己在產品海中花時間、傷腦筋研究？有啊，可以找我前面說的專業的「寵物健康療育師」。他們會客製化提供建議，因為每一個毛孩適合的東西不一樣、體質也不一樣，他們會依據每一個寶貝做最專業的量身客製，並給予最完整的建議！

Part II

毛孩身體各部位
所需營養成分解說

第 5 章

免疫系統是最基礎的保養重點

讀到這裡，你應該會有點疑惑，植物天然萃取的成分那麼多，究竟哪些對毛孩才是真正有幫助的呢？接下來，我會結合生物系統，來分享幾個具有代表性、且一定要用的成分。

免疫系統最重要的好夥伴：薑黃素

前面我不斷不斷的提起一個核心概念，那就是「平衡」，其中「免疫力的平衡」尤為重要。要起到免疫力的平衡，有一個最重要、而且非常具有代表性的植物，基本上沒有別的東西可以重要過它，那就是前面提過的「薑黃素」。但前面也提過，薑黃素是非常難以被生物體吸收利用的，需要經過特殊生物科技的處理，才能提高被吸收的機率，因為能被吸收，才能被利用！

因此，幫毛孩挑選薑黃素時，一定要選擇「寵物專用微脂化薑黃素」。如果不是「微脂化的薑黃素」，那麼其實根本就沒有用！因為只有「微脂化」，才能確保吸收率。所以你會看到，市面上含有薑黃素的產品百百款，但大部分都是沒有用的，只有含有特殊包覆技術的「寵物專用微脂化薑黃素」這一款有用，因此它超級無敵貴。但前面我們一起算過了，有效的話才是真正的便宜，不是嗎？

這時候你可能會想問：可以吸收的「微脂化薑黃素」，能帶給身體什麼好處？國外有非常多的文獻證實，薑黃素可以有效調控免疫

力，但是前提是要能被身體吸收。而這種特殊製程的微脂化薑黃素，正因為很好吸收，當然也就比其他成分更容易起到調控免疫力的作用。

很多毛孩的疾病，例如異位性皮膚炎、濕疹、過敏，這些都是因為內在的免疫調控出現了問題。以中醫的角度來說，是體內的濕氣過重，而薑黃素是溫補的東西，它正可以幫助身體把多餘有害的濕氣排出，但我覺得它最厲害的地方，是可以把過於敏感的免疫系統調回正常，也能將過低的免疫力提升到正常程度，這才是調控真正厲害的地方。它就像是一個智慧自動調節系統，能自動幫你調節到平衡的狀態，是不是很厲害啊？

我經常跟主人們分享，其實萬病之源就是「失衡」——身體原先內建的系統失去平衡。而且如果毛孩們之前曾經長期打針吃藥，也會

不斷累積毒素在體內，導致失衡變得更嚴重，然後不斷不斷的惡性循環，如雪球般越滾越大，毛孩的狀況就會時好時壞，一直反覆發作。你想想看，如果有一台電腦，你不小心下載了有病毒的檔案，這時你一直重複開關機是沒有用的，因為你沒有把那個有病毒的檔案刪除掉，電腦還是不能正常使用。身體也是一樣的，累積的毒素如果沒有去除，基本上正確的機制就很難啟動！

所以平衡的第一步，就是要先把累積的毒素排除掉。以中醫的術語來說，就叫作「排毒」。而一般排毒的方法，不外乎就是排尿或排便，把累積在毛孩體內的毒素帶走排除。所以，在使用「寵物專用微脂化薑黃素」這個成分的時候，一定要多喝水、多上廁所。不要想說我的毛孩很喜歡喝水，就不用特別費心，要喝得比原先更多，這樣才可以加速毒素的代謝！當然，要加速代謝，還需要搭配一個方法，這也跟保健品的成分很有關係，後面會再詳細的告訴你。

黴菌感染、口炎、貓愛滋，都可用薑黃素調理

你應該也常聽到毛孩黴菌感染對吧？簡單來說就是毛孩發霉了。為什麼會發霉呢？其實根源就是免疫系統出了問題。在毛孩免疫力下降或減弱的時候，黴菌就會很容易找上門，在他身上滋生。黴菌喜歡的環境，必須符合三大要素：溫暖、潮濕、營養，這樣它就可以存活。而且黴菌是以孢子的形式傳播，孢子體積小，所以散播速度快，容易春風吹又生。當然宿主的免疫系統也不能太強，如果太強它就會被殺死。所以一旦黴菌感染，會很容易反覆感染，就像人類的香港腳

一樣，會一直反反覆覆，很難痊癒，有時候狀況好一點，有時候又會變嚴重。為什麼會這樣呢？這也跟當時你的免疫力狀況有關係，免疫力強的時候不會發作，它會伺機潛伏在你體內，直到免疫力下降的時候才再次發作。

所以像毛孩黴菌感染，想要根治的話，就必須要從最根本的問題開始著手解決，也就是免疫力。有好的免疫調控，就可以減少細菌跟病毒的入侵。像之前有個個案，他的貓一直不斷的反覆黴菌感染，打針吃藥、抗生素、類固醇，全部都用過了，還是一直反覆發作好不了，而且發霉的狀況反而變得越來越嚴重，發作的頻率也越來越近。後來他找到我們這邊，我們一問之下就發現，這是很常見的免疫力問題，於是趕緊告訴他必須要做好免疫力調控，並運用前面提到的「平衡療育」來幫他的毛寶貝調控免疫力，那隻貓咪在一個多月後就見證了毛奇蹟，之後也不曾再反覆發作。

很多幼貓、幼犬都會遇到這種黴菌問題，他們跟我們人類的嬰兒期其實是一樣的，因為免疫力尚未發展完全，因此非常容易受到細菌跟病毒的侵害。如果在這個時候就直接用藥物來治療的話，那只是抑制病情，非但沒有辦法根治，可能還會讓這些疾病的病根殘留、潛伏在身上。正確的處理方法是做「免疫力的調控」，只有調理好免疫力，毛孩才能免於反覆發作的痛苦。

以貓而言，免疫系統常見的問題大概就是口炎，這是一種自體免疫的疾病，簡單來說就是自己的細胞認不得自己的細胞，於是攻打自己的細胞。通常獸醫的做法就是給一些免疫抑制劑，再不然就是全口拔牙。免疫抑制劑通常給的就是類固醇，不過長期使用類固醇會導致一個很嚴重的狀況，就是可能會產生高血糖，接下來自然會引發一連串的其他問題；至於全口拔牙就更不用說了，這隻貓的一生就很可憐，沒有牙齒可以吃東西，這輩子都只能吃流質了。但其實只要免疫控制達到平衡，身體就不會去攻擊自己的細胞，當然像口炎這類的狀況也就可以有效解決，也就不需要用到類固醇、或全口拔牙。

那麼「免疫平衡」要怎麼達到呢？運用微脂化薑黃素的力量就可以做到！

舉個例子，我們之前曾經從中途救援之家救回一隻貓，那隻貓非常親人，當時差不多是三歲。那個中途之家的環境不太理想，把所有的動物都聚集在一起，只有貓單獨一區，其他都是狗區。因為所有的貓都聚在一起，裡面有很多貓都是病得很嚴重的，住在一起自然群聚傳染了。我們把他救回來時，還不知道他生了病，只是看到他那麼親人，心生憐惜，想趕快把他帶離那個糟糕的環境。後來，我覺得他的腹部看起來有點怪怪的，逐漸隆起，起初以為他是懷孕了，沒想到帶他去檢查，發現腹部有撕裂傷，可能是在中途之家時被別隻貓弄傷的。醫生說還好我們有及早把他救出來，不然他很快就會過世了。

　　之後馬上幫他安排了縫合手術，第一次開刀接回來後，同事們不忍心把他關起來，沒想到因為這份捨不得，導致他跳來跳去，傷口裂開，距離第一次開刀都還不到一週，又趕快再去做第二次縫合手術。這次手術完後，我們狠下心把他關起來，限制他的活動，傷口後來就修復得很好。但沒多久之後，又發現他的牙齦很紅，送去檢查之後發現不得了，是很嚴重的口炎。我們帶他訪遍北部所有貓牙科名醫，每位醫生都建議要全口拔牙，沒有第二種建議。但我想這樣不行，畢竟他還年輕，不能讓他一輩子都沒有辦法吃東西啊！

　　既然獸醫無法解決，我就只能依靠「平衡療育」了。我特別幫他量身訂製了一個配方，搭配寵物專用微脂化薑黃素，結果不到三個月的時間，他就康復了。後來當然也不用全口拔牙，且可以正常的吃東西，免疫力也調控好了，維持在正常的狀態。

所以你説「平衡療育」是不是很神奇呢？我覺得大自然真的給了我們很多的寶藏，只要好好去運用這些好東西，就會有無窮的收穫。

另一個養貓的主人們應該有聽過的，就是貓愛滋，其實貓愛滋在貓群之中是滿常見的。那貓愛滋是從哪裡來的？通常是從媽媽那邊遺傳而來，或者在外面流浪打架，病毒藉由唾液、血液交換感染。貓愛滋是一種後天免疫力不全的疾病，也就是説，天然的、與生俱來的免疫力已經沒有防護作用了，所以沒有辦法對抗一些外來的細菌、病毒、疾病的入侵。免疫系統是生物天然的防護線，如果無法發揮作用，接下來就很容易有其他衍生的疾病，最後常是因為其他疾病導致死亡，並不是死於愛滋病本身。

再來，人跟貓的愛滋病是不會互相傳染的，所以不用擔心養愛滋貓，自己有沒有可能會被傳染。但是，當家有愛滋貓時，要特別注意，不能再養其他貓了，也不能讓他外出，不然會傳染給其他貓。

這時候你可能想問：那毛孩已經得了貓愛滋該怎麼辦？當然就是要好好調控免疫力啊！免疫力是很重要的一個環節，但是過與不及都是不好的。調控免疫力，讓他的免疫力提升，讓自然的防護線開始作用，這是對愛滋貓而言最好的做法。既然已經感染了，就只能持續調理體質，因為一旦感染，就會終生帶原，傳統的藥物是沒有辦法解決的。要注意的就是要選用之前提過的寵物專用微脂化薑黃素，它可以幫貓咪做免疫調控。對於這種已經失去先天防護力的貓來説，將免疫

力調整到正常的平衡，是特別重要的一件事，所以必須靠這種天然植物萃取的保健品，讓他的免疫維持在一個恆定的穩定狀態。免疫力只要平衡且穩定，就不容易受到其他疾病、細菌、病毒的侵害，就可以確保他能活得更長久。

我覺得貓愛滋並沒有什麼好怕的，只要你把免疫系統控制好，有貓愛滋的毛孩一樣可以活得很久。就怕你一時疏忽，沒有幫他好好的做後續的保健，一旦得了其他疾病，接下來就會非常難解決了。

所以，調節免疫力能力一級棒的「寵物專用微脂化薑黃素」，絕對會是守護免疫系統很好的幫手！

照護愛滋貓

1 調控免疫力
調理好體質
維持身體平衡

2 只養一隻貓
避免放養
感染其他貓

3 定期健檢
定期健康檢查
及早結紮

第 6 章

濕熱的臺灣常見的毛孩問題：皮膚問題

濕熱的環境造成的「先天不良」

皮膚問題一直都是臺灣毛孩非常常見的一個問題，為什麼會這樣呢？主要是因為臺灣屬於亞熱帶氣候，特別潮濕悶熱。加上他們是「毛孩」，之所以叫「毛孩」，就是因為是身上有毛的孩子嘛！因為毛髮的覆蓋，會讓散熱等更不容易，一些細菌、病毒就很容易在裡面滋生，因此特別容易誘發皮膚方面的問題。

特別是一些有三層毛、或者是寒帶地區品種的毛孩們，因為他們本身的毛比起一般毛孩又更豐厚，加上臺灣的生活環境，比起該品種原本生長的寒帶國家還要來得熱很多，生物的演化其實沒有那麼快，所以即使他不是純種，也還是沒有辦法適應臺灣那麼炎熱的天氣。

以狗來說，像是哈士奇、柴犬…等，在臺灣生活都沒有那麼合適他們。那已經養了又該怎麼辦呢？當然就是要注意好好保養啦！因為對於他們來說，先天上環境已經不適合他們生長，既然你要在這個環境下養他們，當然就需要比別的毛孩更多照護囉！但是這並不是說其他毛孩就不用照顧喔！其實都是需要照顧的。因為臺灣本身的氣候條件就是如此特別，如果你是生活在像基隆、山區或是中南部等等，就

更加需要特別注意，因為這些環境特別的濕、特別的悶熱，對毛孩他們來說會是一個嚴酷的考驗。

台灣毛孩為什麼
會特別容易有皮膚問題

氣候潮濕

台灣因氣候
潮濕悶熱
容易誘發
毛孩皮膚疾病

放養戶外

台灣許多人
為了看門
把狗養在戶外
因而感染寄生蟲

有些很多中南部的主人，會把毛孩養在戶外，讓他們顧工廠、顧家之類的，其實真的不建議。不單單是天氣炎熱的問題，外面很多生物會有帶原，像是一些寄生蟲或是疾病，都很容易感染毛孩，然後接下來可能就會發生非常棘手的事情。所以我會建議，你真的想要好好照顧他的話再來養他；要養他的話，就要把他當作家人般對待與照顧。相信你不會叫你的家人在外面露宿街頭，對吧？

回到原先的主題，我們已經知道了，因為臺灣氣候環境如此，所以容易誘發毛孩皮膚方面的問題。特別像是濕疹、異位性皮膚炎等，

都是非常常見又特別難解決的。我經常跟一些獸醫朋友們聊天，他們會說，異位性皮膚炎、濕疹那是完全無藥可醫的，沒辦法徹底治好，只能去抑制它。抑制久了，當然就會沒辦法控制，所以前面才會一直反覆提到平衡的重要性，因為抑制走到最後，是一條死路。

解決毛孩皮膚問題，需要內外在雙管齊下

以自然醫學跟預防醫學的角度來看的話，其實前期的處理是有辦法做到的。什麼叫作前期的處理呢？應該說，預防非常重要。既然皮膚問題常是先天基因加上後天環境兩種因素所導致的，這時候你就要去想，環境能做怎樣的調控？例如：你可能會需要一直開著除濕機。有些人會說有啊，我家都有開除濕機，但請注意，這裡講的是「一直」都開著，也就是二十四小時都要開著。

舉個例子，我有個個案，他家住在基隆，他的毛小孩就有很嚴重的皮膚問題，異位性皮膚炎跟濕疹經常不斷的重演。剛開始，我們團隊的寵物健康療育師問他：你有開除濕機嗎？他說有啊，我都有開。後來我們一問之下才知道，他家的空間很大，所以只有一台除濕機是不夠的；再來，我們確認他也沒有二十四小時開機，而且平時他還會開窗戶。這些條件加在一起，使得他們家的除濕效果非常有限，所以他的毛小孩不斷的在吸收濕氣，導致更容易不斷的復發，一直好不了。

因此，不只是體內的調理很重要，外在環境因素也必須控制得宜。以這個案例來說，選對除濕機很重要，而且可能需要不只一台，要有很多台，才能將基隆這個環境的濕度控制在適合毛孩的範圍。並且毛孩常去躺、去睡的地方，都要特別頻繁的換洗，因為那些地方很容易滋生細菌。每次我們的療育師問到這件事情的時候，通常主人都會說有洗啊！問他多久洗一次？可能是一個月一次之類。這樣的頻率其實不夠，我們會建議每週都要換洗，特別是家裡的毛孩現在已經有皮膚問題的話，這樣的換洗頻率是必須的。

　　以我自己來說，像我是混合性偏油的皮膚，臉頰跟下巴交界處比較容易長粉刺跟痘痘。我的枕頭套雖然沒有每週換新，但是我每天都會換枕巾，就是會在枕頭上面鋪一條巾帕，這樣就可以減少痘痘跟粉刺發生的機會。

　　清潔是非常重要的一件事，但是很多主人以為一直洗澡、一直洗澡、一直洗澡就可以了，事實上一直洗澡並沒有辦法處理好這些問題。甚至很多主人異想天開，覺得用那種含有藥物的麻辣洗，就可以把造成這些問題的細菌都殺死，但……在殺死細菌的同時，你知道毛孩的皮膚也會受損嗎？皮膚受損會導致更多的細菌、病毒更容易入侵，因為他連第一道防線都完全被破壞了。

　　你知道後面要修復，需要花多久的時間嗎？基本上，假設你花一個月的時間把它破壞掉，你就要花十倍的時間才能修復得回來，這是

非常驚人的事情。所以你該做的不是一直幫毛孩洗澡，而應該是勤換洗他常躺的地方、他用的毛巾之類的，並且要控制好環境的濕度。再來就是，麻辣洗是含藥的產品，根本不應該自己買回家使用，而應該是在獸醫指示下使用。還有就是，麻辣洗越用就越有抗藥性，因為它是含藥的，所以用久了就漸漸沒用了。可能在使用初期時，你會覺得：哇，好厲害喔！好像瞬間就好了！但是相信我，用了一陣子以後，接下來還是會開始無限循環反覆發作。所以，記得不要常幫毛孩洗澡，也不要一直用麻辣洗那種東西，那絕對會越洗越糟。

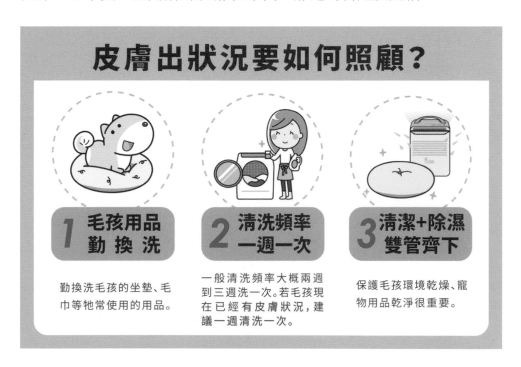

皮膚出狀況要如何照顧？

1 毛孩用品勤換洗
勤換洗毛孩的坐墊、毛巾等牠常使用的用品。

2 清洗頻率一週一次
一般清洗頻率大概兩週到三週洗一次。若毛孩現在已經有皮膚狀況，建議一週清洗一次。

3 清潔+除濕雙管齊下
保護毛孩環境乾燥、寵物用品乾淨很重要。

你可能會想問：那我幫毛孩洗澡的頻率要怎麼抓呢？其實大概兩到三週洗一次就可以了。你也許會說：這樣會很臭耶？會臭，是因為體內系統失衡，只靠洗澡來解決是不夠的。只要體內沒有調理好，不管洗幾次都一樣會臭。

洗毛精選擇與寵物美容注意事項

在這邊也順便談一下洗毛精的選擇方式。很多人都會選錯洗毛精，但選錯洗毛精對毛孩皮膚的危害是非常大的，特別是在皮膚已經有狀況或發炎的時候，選錯洗毛精會更刺激皮膚。萬一選錯，就像你有傷口的時候，還碰到一些刺激性的物質，會覺得很刺痛、很難受，對吧！越受刺激，皮脂膜就會被破壞得越嚴重，之後要修護就會更麻煩且更困難。

因此，平常選用洗毛精的時候，要注意選擇天然溫和的胺基酸洗劑所製成的洗毛精，而且請記得，不要有香味，至於原因是什麼，後面會告訴你。現在請你先記住，香味跟呼吸系統是很有關的。那為什麼要用溫和的胺基酸洗劑呢？因為這樣就不會刺激皮膚，也不會破壞皮脂膜，反而可以在皮膚的表層重建皮脂膜，起到保濕跟防護的第一線作用。

還有，選擇正確的pH值也很重要。像我們人類的皮膚是弱酸性的（pH值約5.5），可是毛孩的皮膚是弱鹼性的（pH值約7.2-7.5）。有些人會問：那毛孩可不可以用我們的洗髮精或沐浴乳洗澡啊？看到上面，答案應該很清楚了吧。毛孩不能用我們的沐浴乳、洗髮精，因為皮膚的pH值是不同的！如果你選錯洗毛精的話，pH值也不會在正常範圍。那長期用pH值不正確的洗毛精會有什麼狀況呢？就是剛剛講的，皮脂膜會被破壞、會受損。在不斷反覆的破壞之後，身體第一線的防護力就喪失了功能，會導致嚴重的過敏、甚至脫毛喔！也容易

導致細菌跟病毒的入侵，特別是如果毛孩本身已經有皮膚問題發生，更需要特別注意跟護理。所以請記得，這件事非常重要：要選擇溫和的胺基酸洗劑，而且要是沒有香味的，pH值弱鹼性的最適合！

　　還有，送毛孩去寵物美容的時候，也要特別注意，很多毛孩其實會對剃刀刀頭的金屬過敏，當把毛剃太短的時候，很有可能就會誘發這類接觸性的過敏反應。所以如果你家的毛孩，經常去寵物美容院回來之後，皮膚就發生問題的話，很有可能就是那個美容院的洗毛精有問題，或者可能是他對剃刀的金屬頭過敏，這時候你就要避免使用金屬剃刀囉！

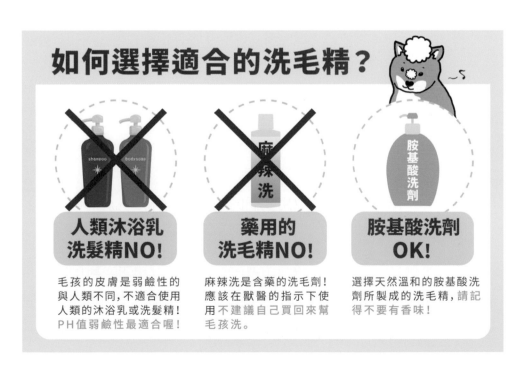

皮膚問題的體內保養

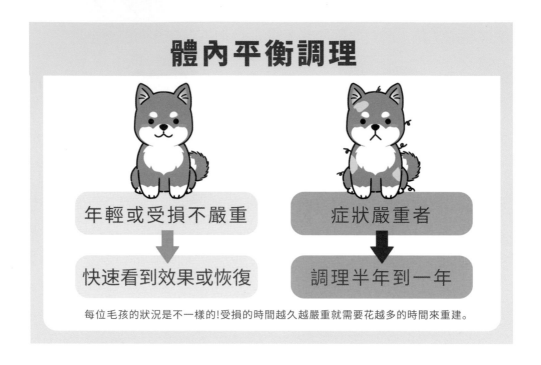

體內平衡調理

年輕或受損不嚴重 → 快速看到效果或恢復

症狀嚴重者 → 調理半年到一年

每位毛孩的狀況是不一樣的！受損的時間越久越嚴重就需要花越多的時間來重建。

　　話又說回來，體內該怎麼保養呢？這需要特別講究，因為這時候毛孩體內是失衡的狀態。還記得我在前面說過的嗎？因為環境以及他本身與生俱來的基因問題，所以特別容易誘發皮膚方面的狀況。這時候你就要特別講究體內調理的平衡，因為只要一點點失衡，就會造成外在皮膚有很明顯的狀況發生。

　　怎麼平衡？其實前面已經講了非常多了，那在這邊，針對皮膚問題，我非常推薦的是「毛奇蹟組合」，也就是「寵物專用微脂化薑黃素」加上「魚油」，因為這可以幫毛孩同時排除濕氣、調理體質，還可以修復已經受損的皮膚，之後還會提到更多這個組合的功效，真的

是物超所值。那調理體質需要多久的時間呢？每隻毛孩的狀況是不一樣的。有些毛孩比較年輕，或受損不嚴重，所以很快就能看到效果，甚至完全康復；但有些嚴重的毛孩，如果外在環境條件控制又不佳，那麼花上半年、一年恢復是很正常的，因為調理體質本來就沒有那麼快，受損的時間越久、越嚴重，就需要花越多的時間來重建系統。

　　像是藝人馬念先的愛犬「馬露」，他同時也是名狗醫生（指的是經過篩選與特殊訓練，在任何環境下皆穩定不具攻擊性，能到各種機構從事陪伴活動及復健互動治療的狗）哦！他今年七歲，從小到大皮膚一直很健康，有一天屁股卻突然出現大塊結痂，毛髮也禿了。看醫生後仍遲遲沒有長出毛髮，讓馬念先夫妻倆非常擔心。在使用「寵物專用微脂化薑黃素」後，一個禮拜就有明顯改善，毛也長出來了！

第 7 章

消化系統：腸道平衡遠比你想像的更重要

消化系統的重要夥伴：益生菌

再來我們談談消化系統，消化系統跟排便有關。排得順不順暢？形狀好不好？排泄物是不是濕黏？這些都跟體內的狀態是很有關係的喔！排便如果要順暢，益生菌是絕不可少的，但是坊間的益生菌百百款，該怎麼挑呢？我老實說，如果你想要買一般市面上常見的益生菌，基本上就是白花錢而已，因為大部分都是死菌（沒有活性的），除了幫助消化之外，對腸道保養是完全沒有作用的。

相信你應該聽過「腸道是人體最大的器官」吧！所以老化會先從腸道開始，這點在毛孩身上也是一樣的。就算你買到有活性的益生菌，只要沒有經過特殊的處理，一旦進入生物體內，很快就會被胃酸殺死，所以有吃跟沒吃是一樣的。這時候該怎麼辦呢？一定要選用特殊的完整「寵物金三角益生聯」結構。什麼叫作「益生聯」？這個概念是源自於日本的腸道大師光岡知足教授，簡單來說就是益生菌＋益生質＋益源質＝益生聯系統。這個系統有什麼好處呢？它會比一般的益生菌速度更快，且效能提升，能夠更穩健的為健康打下基礎，並且更有續航力，因為它能有效地提供益生菌養分。

你知道好的、活的益生菌是要養的嗎？益生菌也有它專門吃的食物，如果沒有食物，就會在體內餓死，即便原本是活菌也沒用！

為什麼益生菌那麼重要呢？因為生物體有百分之七十的免疫細胞在腸道，因此腸道是生物體最大的免疫器官，整個腸道是否平衡，也是生物體器官是否平衡的一個指標。而因為百分之七十的免疫細胞在腸道，所以這裡的菌叢是否正確的平衡，是非常重要、不能被忽視的。

腸道中，有大概百分之六十到七十都是中性菌，就是所謂的「條件致病菌」，也就是說，它平常是一個中立的角色，但在特定條件下，其實它是可以變成壞菌的。如果今天腸道壞菌變多的話，它就會被拉走；但如果好菌比較多呢，它也會被好菌拉走。簡單來說，它就是牆頭草兩邊倒，看誰強勢，它就會站在誰那一邊。好菌，也就是所謂的益菌，大概占腸道菌叢的百分之十到二十，壞菌占了大概百分之二十左右，所以腸道中的狀況，取決於你是不是有把好菌養得夠多？如果有的話，你的腸道菌叢才會是平衡的，中性菌也就不至於倒向壞菌那一邊。

如果中立的它變壞了的話，你的腸道就一定會出現問題，因為壞菌數大於好菌數，那一定是失衡的。這時，免疫細胞當然也就處於一個完全失衡的狀態囉！這很像小孩交了好朋友跟壞朋友的感覺，如果是跟壞朋友成為好麻吉，壞朋友要做壞事時就會找他一起去，長久下來，他也會越走越偏！

穩 益生菌
搭配益源質
更穩定

金三角
益生聯

快

續

益源質
小分子快速工作

益生質
提供益生菌續行養分

在這裡還有一件事要特別提醒大家，坊間的益生菌配方當中，除了要選擇「寵物金三角益生聯」之外，還有一個千萬不能忽視的重點。坊間很多配方師，因為沒有做毛孩的保健食品的經驗，所以可能會使用人用的配方，只單單做了劑量的改良。事實上，適合人類的配方，跟適合毛小孩的是完全不同的，不能因為他們體重比我們輕，直接用除的，依比例把劑量減少就好。毛小孩有自己的吸收率模型，這需要夠多的模組系統去分析計算才能得到，我們也是花了很多的時間研究，才知道怎麼樣正確的計算毛孩對不同成分的吸收率。

很多配方師直接拿人類的配方成分來使用，例如：他可能會放乳糖在益生菌的配方中，用乳糖來當作益生菌的食物，這個做法在人吃的益生菌是行得通、而且很常見的，但是在毛孩身上卻完全行不

通，因為非常多的毛孩都有乳糖不耐症，這種配方的益生菌，會讓他越吃越拉，沒完沒了，是一件很可怕的事情！謹記：「好的配方讓毛孩身體越來越健康，壞的配方則會越吃越傷身。」

腸道平衡怎麼做？

在國外，這些年人類的醫學有一種特殊療法，那就是「糞便移植」。對，你沒聽錯，就是你想的那樣，從別人那裡移植糞便過來。它就是基於當對方體內腸道與細菌達到平衡，又稱為腸道微生態平衡，在這個腸道生態圈平衡的狀態下，才能維持人類一些正常的生理機能，例如：營養吸收、免疫力、消化力…等，這些和腸道平衡都是有關係的，所以才會不惜要移植對方的糞便過來，重建自身的腸道平衡。

會導致腸道失衡的原因非常多，例如：慢性病、癌症、手術、濫用抗生素…等之類的，或是前面有提過的發炎、肥胖、自體免疫疾病…等。簡單來說，身體的其他系統失衡了，也會引發腸道的生態系失去平衡。所以像西方醫學近幾年，就會把一些健康的人的腸道菌叢移植到病人的腸道中。在2013年，這個方法被美國FDA列為一種治療的指南，甚至當時美國《時代》雜誌也將此評選為生物醫學的十大突破之一。

所以你就知道，維持腸道的生態系平衡是多麼重要的事。一旦失衡，基本上就無法吸收、利用養分，還會導致一連串很難解的問題！

但說真的，要維持腸道的生態系統平衡，不是一件容易的事，因為它是一種「動態平衡」，每時每刻都會因為生物體內的一些生化反應，或是飲食、水量…等之類的引發變化。

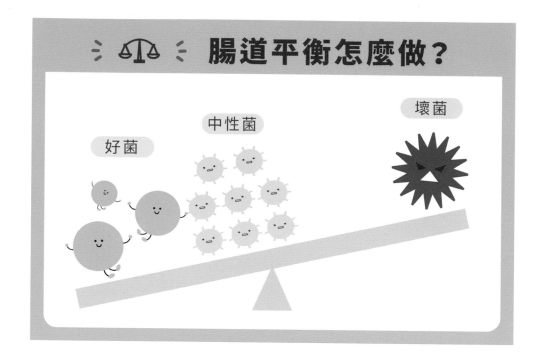

面對這樣的腸道生態系，你一直幫毛孩補充那些沒有活性的死菌，其實是沒有用的。它不過就是類似纖維素的概念，幫助排便，但對平衡腸道菌叢一點幫助都沒有，真的就是一個吃心安的東西。為了維持這種「好的動態平衡」，其實需要補充很多好的活菌，而且必須給它們充足的養分，讓它們在腸道裡面活得頭好壯壯，這樣才能連帶把中性菌變成盟友、好朋友而不是敵人，也就自然可以維持健康的腸道生態系。一個健康的生態系十分重要，因為這樣就會有更多的好菌可以在裡面生存，毛孩自然也會越來越健康喔！

長期服用抗生素，
腸道好菌壞菌都已經死光光怎麼辦？

　　比較特別的是，曾經長期打針、吃藥、看醫生的毛小孩，腸道的菌叢會被破壞得更徹底。為什麼呢？因為西藥的抗生素，就是殺菌的。說得簡單一點，好的、壞的細菌，全部都會被殺死，抗生素並不會區分好菌和壞菌，整個腸道的所有菌叢，基本上都是一次全殺，這樣腸道當然就不會有什麼健康的生態系。像這種毛孩呢，就需要重建整個腸道生態系，做重建需要花的時間也會比一般毛孩久，畢竟之前都被破壞殆盡了嘛！

　　所以你有時會覺得，生病的毛孩在吃保健食品的初期，好像沒有什麼變化，甚至有時候可能反而會變得更嚴重，這就是所謂的「排毒反應」。先前有提過，只要是藥，就有毒性，只是或多或少的差別而已。因此必須把原先累積在腸道或體內的毒素，藉由糞便跟尿液排掉，之後才能重整腸道生態系，因此會需要比較久的時間才能夠起作用。但是如果不先做好腸道生態系的保健，再做其他身體系統的保健的話，效果真的會超級慢。

　　所以建議，如果毛孩以前曾經長期打針吃藥，腸道生態系統一定要先建立起平衡，之後再處理其他問題，成效會比較好；或者甚至要同步進行，這樣你買的昂貴的補品才能夠被好好吸收。這狀況就很像

就很像中醫所說的「虛不受補」，如果身體處在不健康的狀態下，吃再昂貴的補品也不會見效，因為根本無法吸收。必須先把身體的體質調理好，之後再做其他的保健，唯有這樣成效才會好。

虛不受補　　　　　　　　　　健康吸收好

　　這整本書一直提到的一個核心的觀念，那就是「平衡」，所有身體的系統都需要平衡，只要能達到平衡，它就會是一個最佳化的自動運行機制，也就不會衍生出各式各樣的疾病，所以毛孩身體每一個系統的平衡都是十分重要的。

　　「唯有平衡才是健康的關鍵」，而這把關鍵性的鑰匙，現在就在你的手上，端看你怎麼選擇而已！Just do it！

第 8 章

最基本的幸福：順暢呼吸

　　接下來我們要談的系統，是身體的必須系統，那就是呼吸系統。為什麼需要談呼吸系統呢？因為生物體沒有呼吸就沒有辦法生存啊！毛孩也是一樣，所以呼吸對於他們來說是非常重要的事情，可是偏偏現在空氣汙染一天比一天嚴重。根據美國國家環境保護局的研究指出：室內的空氣汙染程度其實比室外嚴重五倍，嚴重時甚至可能高達一百倍！

　　這是不是非常令人震驚呢？到底為什麼會這樣？因為PM2.5會經由門窗縫隙、通風口輕鬆進入室內，當戶外的PM2.5被風吹散的時候，空氣品質就會慢慢變好，但室內的PM2.5卻會因門窗緊閉而居高不下。這時整天待在室內的毛孩們，受到的空氣汙染的影響，將遠遠大於待在外面的人們。

　　而且這些髒東西除了會經由呼吸進入毛孩體內之外，還會附著在他們的毛髮上面。當他們舔毛、理毛的時候，就會把這些汙染物吃下肚，長時間下來，就可能導致過敏、氣喘、肺癌、呼吸道感染、心肺方面的問題…等。特別是某些狗種或者是品種貓，特別容易有呼吸道方面的問題，比如一些小型犬，例如：博美、貴賓、馬爾濟斯、吉娃娃…等，這些品種天生就容易有先天性氣管塌陷的問題；而像巴哥、法鬥、西施犬，由於天生呼吸道就比較短，大部分會有短吻呼吸道症

候群（BAS），他們天生鼻孔就比較小，軟顎比較長，會造成呼吸不順、也容易喘。品種貓的話，可能就是一些扁臉貓特別容易出現呼吸系統的問題。

容易引發狗狗呼吸系統問題的六大疾病

以狗來說，有許多不同的疾病跟狀況，都會直接影響肺部的功能。而會引發呼吸系統問題的，則有以下常見的幾種疾病：

一、犬瘟熱病毒：就是俗稱的「狗瘟」。犬瘟熱不僅會影響呼吸系統，它還可能會影響神經跟腸胃系統喔！那這種病毒會在哪裡出沒呢？套一句時下流行的話就是「狗與狗連結的地方」，簡單來說就是

狗狗群聚的地方，它會快速的在那裡傳播開來。犬瘟熱的治療效果是很有限的，因為沒有特效藥，即使能熬過整個病程（大概是七到十二天）沒有死亡，通常也會留下後遺症。後遺症通常都是一些神經症狀：歪頭、不自主的抖動、行動失調、失去平衡。

這個疾病好發於幼犬（因為免疫系統發育尚未完全），而且犬瘟熱是一種全世界的犬類共通的流行疾病，特別容易發生在都會區（畢竟空間比較狹小、密集，相對更容易接觸傳播），它是一種死亡率很高的傳染疾病，所以醫生會建議大家可以接種犬瘟熱疫苗。因為這個病對狗狗的影響非常大，所以預防勝於治療，除了注射疫苗之外，平常的免疫調控也非常重要！不論是任何年齡的狗狗，都應該要時時做好免疫調控。

二、慢性的阻塞性肺疾病（簡稱COPD）：它是一種長期的慢性疾病，會導致肺部或者是呼吸系統持續發炎，呼吸道無法恢復暢通，而且這個疾病是不可逆的，但因為COPD的病程發展很緩慢，所以有人又稱它為慢性支氣管炎。因為它是沒有辦法治癒的，獸醫臨床上僅能通過藥物來控制。罹患COPD的話，肺部的氣體會無法通暢的進出交換，簡單來說就是肺部的換氣功能不良，因此往往會出現「咳、痰、悶、喘」等四個症狀。但在毛孩身上比較難看出悶的感覺，所以一般臨床上比較可以觀察到的就是「咳、痰、喘」三個。其實狗的COPD跟人的是有一點像的，臺灣之前有一個藝人孫越，他也是罹患COPD，雖然經過反覆治療，但後來依舊不敵病魔，過世了。

這時候你可能會想：如果毛孩已經得病了，該怎麼治療呢？在臨床上，只能給予輔助性治療，例如：抗生素、支氣管擴張劑等等之類的。

所以無論有沒有患病，免疫力是最根本的。因為如果在患病的過程中免疫力下降的話，就會導致其他嚴重的併發症，甚至很可能瞬間喪命。當然身體不要處於慢性發炎的狀態，才是根本解決之道。如果沒有處於慢性發炎的狀態，就根本不會得COPD！因此要再次強調「預防是非常重要」的。而要做到預防，身體內部系統的平衡是最關鍵的重點。

三、犬舍咳：犬舍咳是一種高傳染性的傳染病，是由細菌或是病毒引起的。在狗狗們密集接觸的時候，就會迅速的在他們之間傳播。像在寵物旅館、犬舍、寵物展等密集的環境中，傳播非常快速，可能透過接觸、食物、水碗等交叉傳染。犬舍咳好發於夏天的中後期，通常病發時，獸醫師會給予抗生素來治療。

那犬舍咳有疫苗嗎？疫苗是有用的嗎？犬舍咳是有疫苗的，但只能說有注射會有保護力，不能保證絕對不會被感染。所以根本之道還是毛孩自己的免疫力要適時發揮作用，然後盡量避免進出那些出入複雜且密集的地方。

四、肺炎：簡單來說就是肺部被感染了，導致肺部發炎。肺炎的成因包含過敏原、肺蟲、細菌、病毒，或者是吸入的食物、液體、異物，都有可能導致肺炎。通常臨床上是用抗生素治療肺炎的。

五、肺腫瘤：通常是因為其他部位的腫瘤轉移所引起的，例如腹部、骨骼或皮膚。起源於肺部最常見的腫瘤就是肺腺癌，這種腫瘤通常都是惡性的，大部分會發生在銀髮的毛孩身上。肺腫瘤基本上很難治療，手術也許是一個選擇，但是如果已經擴散的話，就沒有用了。

六、感冒跟流感：就跟人類一樣，狗也有感冒跟流感。狗狗的感冒和流感，在外在表現上，有許多跟人類非常相似的症狀。如果不治療的話，就會引發一些更嚴重的疾病，但大多數時候，如果他們的免疫系統是足夠強大且調控是穩定的話，基本上是不需要治療的，因為他的免疫系統會自己運作，自己就會自動打擊入侵者，所以會自己好起來。但是症狀嚴重或是免疫力低下的狗狗，就會需要額外的做法，例如補充營養、抗生素之類的治療。

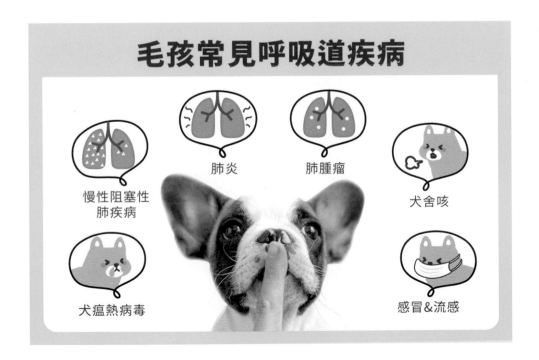

再補充説明，如果家中有人吸菸的話，會容易引發毛孩呼吸道的問題喔！像是COPD，也常會因二手菸而被誘發。

對嗅覺超靈敏的狗狗而言，香味可能是場災難

狗的嗅覺是非常靈敏的，他的鼻子的靈敏度是人類的十萬倍。一隻狗的鼻子裡，大概有二點二億個氣味受體，差不多是人類鼻子中受體數量的四十倍左右（人類鼻子的受體數量大約是五百萬至六百萬個）。如果是獵犬的話，又更驚人，他擁有近三億個嗅覺的感受器，而且他們擁有的是立體嗅覺（在鼻腔內部有大量的皺摺，所以能增加嗅覺細胞接觸的表面積），因為他們的兩個鼻孔是彼此獨立的，能夠分別感受氣味，並且快速定位，確認氣味是來自於哪個方向，所以人類會通過訓練，讓狗狗成為所謂的工作犬，例如警犬、搜救犬、緝毒犬，就可以用來定位炸彈、農產品、遇難的人…等。這幾年研究還發現，可以訓練狗狗辨別癌症病人！這次新冠肺炎，也有國家用狗狗來嗅聞出病毒。

由此可以看出，他們可以聞到我們察覺不到的味道，所以他們的呼吸道更是應該特別照顧保養的。很多主人送毛孩去美容，店家會幫毛孩用那種超級香的洗毛精，洗一次可以香七天以上。你想想看，如果你在電梯裡遇到一個人，他身上濃郁的香水味，簡直像把半罐香水都倒在身上一樣，請問這時你通常是覺得香？還是覺得臭？你會覺得很舒服嗎？還是你覺得很恐怖？其實對狗狗而言，如果你幫他選的是

有香味的洗毛精，那就跟倒一整瓶的香水在他身上沒有差別！他們的嗅覺比我們靈敏這麼多，我們覺得香，他恐怕已經覺得香到臭了。所以拜託，千萬不要再用有香味的洗毛精給毛孩洗澡了，天然的才是最好的，那些香味持久的，全部都是化學合成的香精。而且你知道嗎？香精洗在身上，還容易引發皮膚過敏，如果有異位性皮膚炎之類皮膚問題的，就更忌諱香精了。且香精為了定香，大部分都含有螢光劑，毛孩們在理毛的過程中，又把這些香精跟螢光劑吃進肚子裡。你覺得這樣他們有可能會健康嗎？

貓咪的呼吸道問題

再來是貓咪的呼吸道問題，貓的呼吸道問題基本上分成兩大類，一個是上呼吸道、一個是下呼吸道。上呼吸道包含了鼻子、口腔到喉

囉這部分；下呼吸道則包含氣管、支氣管到肺部。呼吸道感染在貓群中是非常常見的，特別是在一些貓隻高度密集的地方，例如收容所、繁殖場、野貓群聚點等，都非常容易發生，因為細菌、病毒、真菌這些都有可能導致感染。上呼吸道感染的症狀，可能是眼睛或鼻子周圍有一些透明或有顏色的分泌物，然後會有咳嗽、打噴嚏的症狀，或者是眼睛周圍有腫脹感（有點像結膜炎）、口腔潰瘍、嗜睡和厭食；下呼吸道感染則可能導致咳嗽、嗜睡、厭食或者呼吸困難、呼吸急促。

貓的呼吸道感染，有大約百分之九十是由貓皰疹病毒跟杯狀病毒所引起的，簡單來說，很容易透過一隻受感染的貓，直接接觸或者在環境中接觸到被汙染的物品，例如：食物、水碗、玩具或是寢具，而再傳染給另一隻。也有可能是垂直傳染，由貓媽媽傳給幼貓。

貓皰疹病毒，以年輕跟青春期的貓最容易受到感染，估計有百分之九十七以上的貓，在這一生中接觸過貓皰疹病毒，而這個病毒會導致百分之八十以上接觸過的貓終身染疫。簡單來說，得到貓皰疹病毒的貓，就會變成慢性的帶原者，他終身都會患有這個疾病，是無法被根治的。很多時候這個病毒在休眠期，並沒有被觸發。那怎麼樣會被觸發呢？就是壓力，例如：手術、寄宿在外面，或者是其他的疾病，使這些潛在的病毒重新被觸發，這樣就會出現臨床症狀。

換句話說，貓一旦被感染，就會終身感染，而且上呼吸道跟眼部的疾病可能會反覆的發作哦！所以平時的免疫調控就變得很重要，因為只有免疫系統平衡的時候，它才不會被活化跟誘發。

在貓咪身上，還有一種具有高度傳染性且常見的病毒，就是貓冠狀病毒。若在收容所或繁殖場有一隻得病的話，基本上百分之九十的貓都會被傳染。除了出現上呼吸道的症狀之外，也可能會擴散到下呼吸道，並引起肺炎，加上可能會有一些繼發性的細菌感染，就會導致呼吸更加困難。這時候，充足的水分、營養就變得很重要，也因為這時口腔的疼痛可能導致貓咪不願意進食，因此要想辦法幫他補充營養。在治療上，通常獸醫師會用免疫調節的藥物、抗生素跟止痛藥來緩解症狀。這時候你可能會想：人會不會被傳染？這跟新冠病毒一樣嗎？事實上人與貓的冠狀病毒是不互通的，所以不用緊張，不會傳染給人。

接著要談貓身上常見的下呼吸道疾病：

一、氣喘：氣喘比較常見，是由於免疫敏感度的改變，對於吸入的過敏原產生高原反應所引起的。簡單來說，就是一些毛孩會過敏的東西誘發了他的免疫反應，導致發炎或者是支氣管痙攣，也可能有異常的黏液產生，進而導致黏液栓塞。這時可以進行全面性的胸部檢查，來判斷是什麼原因造成的。通常治療貓的氣喘，跟人類一樣是使用類固醇來減少炎症反應，再加上支氣管擴張劑。平時的預防，則在生活環境中就要注意減少接觸會誘發的過敏原。

二、寄生蟲的疾病：例如肺蟲、心絲蟲、蛔蟲、弓形蟲等等之類的，通常它們成蟲後，會寄生在肺部末梢的細支氣管、肺泡管和小肺動脈分支中，然後引發貓下呼吸道的病症。

三、肺癌：其他的癌症轉移到肺部，是最常見的狀態，原發性的肺腫瘤在貓身上其實是很罕見的。通常原發性的肺癌會是肺腺癌，但是並不常見，不過一旦發生就一定是惡性的。

舉個案例來說明一下，罕見不代表不會得到，也不代表可以不注意。我有個個案，他家的貓就是得了這罕見的肺腺癌，他特別把貓從臺灣送去美國接受放射線治療，最後也是無法救回。當然也因為他的貓咪已經十二歲，是個銀髮毛孩了，各個器官衰退與修復的程度，自然無法跟年輕毛孩相比。他一直很自責自己太晚知道「平衡療育」，他說，如果早點知道，也許不會走到這一步。

看到這裡，你應該就更清楚我前面不斷提及的萬病之源「免疫力低下」究竟是怎麼回事了。因此做好免疫調控、保持身體系統平衡，才是長保健康的最佳之道。

保養呼吸系統的法寶：紫錐花萃取

一旦呼吸系統出現失衡的問題，就會引發發炎。身體的每個系統都在平衡狀態，才是最佳的狀態，所以如果呼吸系統發炎，一定要趕緊處理，不能拖延。再加上現在環境的因素，平日也必須要著重呼吸系統的保養，不然很容易導致慢性發炎，一旦轉變成慢性發炎，接下來要處理就會很麻煩。

這時候你可能會想問：那要怎麼樣保養呢？其實在歐洲的自然醫學裡，有一個非常常用的法寶，那就是「紫錐花萃取」。它在自然醫學上非常常用於呼吸道保健跟預防，因為它可以有效增強免疫力、避免持續誘發發炎反應。紫錐花萃取裡面有很多活性物質，包括：酚酸、多醣體、烷醯胺、糖蛋白、菊苣酸…等。其中酚酸的含量頗高，因此可以抗發炎、防止血栓的生成、抑制腫瘤增生、抗氧化、清除自由基等等，功能非常的多。

但是紫錐花因為活性問題，採集到製成萃取必須在十小時之內完成；而且高品質的紫錐花萃取，必須取自以天然有機農法栽種的紫錐花。六十公斤的新鮮紫錐花，僅能萃取出不到一公斤的活性精華，且

必須在凌晨三、四點剛開花時立刻採摘，以確保最佳活性，然後立刻送入廠區，直接進行活性萃取程序。說白話一點就是很費工、很耗時而且產能低，因此，一直以來，優質的紫錐花萃取都是很貴的。

但好的呼吸道保健品，光憑一個單一成分原料是不夠的，前面說過，配方是非常重要的，因此完整的寵物氣管紫錐養護法，必須搭配的就是毛孩們最容易缺少的必需胺基酸，例如左旋離胺酸、牛磺酸…等之類，再加上天然的維他命C（野生的西印度櫻桃萃取），這樣的配方才完整，才能好好保護我們最愛的毛孩的呼吸道。

你想想看，如果連呼吸都會喘，沒有辦法好好呼吸，怎麼會有生活品質可言呢？而且一直沒有好好保養，萬一長久累積下來變成肺部性的損傷，或是導致肺水腫，那就是不可逆的傷害了！

呼吸道保健與預防
紫錐花萃取功效

避免持續誘發發炎反應

幫助恢復健康

增強免疫力

滋補強身

第 9 章

排毒的重要管道之一：腎臟泌尿系統

貓咪愛喝水 ≠ 和腎臟疾病絕緣

　　再來是腎臟泌尿系統，跟排毒很有關係的其中一個就是這個系統。如果泌尿系統出了問題，毒素當然就沒有辦法排出，腎臟的功能也會出現問題。腎臟萬一損壞的話，也是不可逆的，相信很多毛爸媽都有遇過有腎臟病的毛孩，不論是貓或是狗，腎臟病都滿常見的。我曾經以為愛喝水的貓就不會有腎臟方面的問題，但事實上是，無論愛不愛喝水的貓，都有可能有腎臟的問題，只是成因會是不一樣的。不愛喝水的貓，是因為水分不足，無法代謝毒素導致腎臟病；但是愛喝水的貓，也可能會有腎臟的問題，他的問題可能來自於壓力或情緒方面。造成的原因不同，處理的方式也會不一樣。

　　就像我家的另一隻貓，他叫「錢少爺」，因為他就是我們家的大少爺，哈哈！他從小就非常的愛喝水，這一直是讓我很自豪的一件事，我也一直認為這輩子他和腎臟病絕對是絕緣的，沒想到某一天開始，我發現他突然變得很異常。怎麼說呢？他會跑去躲在他平常根本不會去的地方，我還發現他的毛流整個是逆的，不是順的，正常時候貓毛就是順的。然後他平常很親人，會自己主動討抱，叫他他也會

來，我都説他這是貓的身體、狗的靈魂，因為他還會去等門。你回家的時候，他就會像狗一樣搖尾巴，然後在你身上鑽啊鑽，蹭啊蹭的。但是那天，怎麼叫他都不會來，也不願意讓人抱他，一抱他就狂叫，以前從來沒有過這種情況，且抱起來他全身都軟趴趴的。

當時正值大半夜，怎麼辦呢？我常去的診所關門了，別的醫院我也不信任，那個晚上我只好抱著他坐在客廳，陪他。我們一人一貓整晚都沒有睡，隔天一大早我馬上抱著他衝去平時看診的醫院，結果發現他居然是尿道堵塞了。

醫生跟我説的時候，我還覺得他在跟我開玩笑，雖然公貓其實滿容易發生這種問題，但我一直覺得錢少爺很愛喝水，所以即便他是公貓，也不會有這種問題，沒想到他就有。後來跟醫生研究了一下之後，醫生説是因為壓力大，但我聽了還是抱持懷疑，因為我們家的兩隻貓裡，他都是欺負另外一隻的那個，我不覺得他會有壓力。後來照超音波發現他的腎臟內壁變厚了，呈現急性發炎的狀態，於是後來我給他吃了特別的保健品，修復他的腎臟內壁。

很幸運的，因為我後續的保健做得很好，所以他沒有再復發過了。但那陣子搞得我非常神經兮兮，我每天都會確認他的喝水量，不是只用看的，我會用量杯量，然後確認他的排尿量等等；甚至只要碰到連假，我就會非常焦慮，因為我擔心需要緊急手術時，我常去的那個診所會休診比較多天。那時我甚至要求醫生先幫我預備好急救用的藥。

我超級害怕這個狀況會再度發生，我永遠記得那天，他在手術時的那個感覺：好無助、好無能為力，我的眼淚一直掉一直掉，直到他手術完，我都無法控制的一直掉眼淚。如果說眼淚是珍珠的話，我那天就直接晉升超級富豪囉！那時候醫生想要分散我的注意力，叫我趕緊想想他之後可以吃什麼保健品配方，說實話，當時我腦筋根本一片空白，腦子裡一直想的就是：為什麼我有這麼多醫學知識，可是卻還是讓這種情況發生了？為什麼我沒有更早就發現？還有什麼方法可以救他？……之類的，總之就是一連串無限的自責在內心巡迴。那時候真的完全沒有辦法好好思考我還可以做什麼，只能任由眼淚不由自主的一直掉。就算理智上知道哭沒有用，要冷靜才能救他，但就是沒有辦法控制，因為實在是太害怕失去他了，我常說他就是我的半條命。

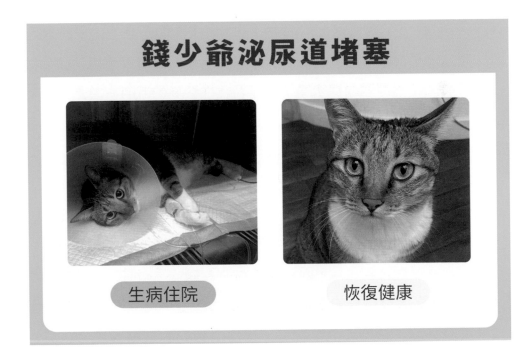

錢少爺泌尿道堵塞

生病住院　　　　　　恢復健康

所以，時常關注你家的貓咪是非常重要的，不要太有自信，那時候的我就是陷入太自信、太篤定的狀態，才會變成這樣。醫生不斷安慰我，說就是因為我及早發現，才沒有錯過黃金治療時間；也因為及早發現，所以後續沒有什麼副作用，我覺得這一點是值得慶幸的。

請給很能忍的貓咪們多一點關注

貓是非常能忍痛的生物，因此一旦發現一點點異常，一定要趕快帶去醫院，找出原因，然後對症解決。當然後續的保養也非常重要，才能避免復發喔！

像貓尿液的pH值就跟健康有很大關係，一般來說，pH值過高或過低都是不正常的。貓咪的尿液是酸性，這樣才能維持泌尿道的健康，pH值一般大概落在6.3到6.6之間。pH值越低，代表尿酸越酸，那就容易導致草酸鈣結晶體的形成，而過高的話就會導致磷酸鎂銨結晶體的生成。貓特別容易受到pH值影響，因為pH值過高或過低的時候，都會在尿液中形成結晶體，結晶體可能又會跟其他的物質結合，形成刺激性的砂礫或結石，造成出血或者是阻塞。而以狗來說，正常尿液的pH值是在7.0-7.5之間，跟貓一樣，pH值過高或過低都是不正常的情況，pH值過高泌尿道容易感染，pH值過低會產生草酸鹽結晶。

其實很多吃乾飼料的貓都會有泌尿道系統的問題，主要原因是因為，在野外貓正常獵食的情況下，獵物中水分的含量大概是百分之

七十，乾飼料只有百分之五到十的水分，罐頭食品大概有百分之七十八的水分。因為貓天生比較不容易感到口渴，所以不會有特別想要去喝水的慾望，都吃乾飼料的話就很容易造成水分不足。長期水分不足之下，尿液的pH值也就容易有變化，甚至有結晶產生。

貓咪尿液PH值與健康的關係

尿液PH值	過酸	正常 6.3 -6.6	過鹼
健康狀態	不健康 易導致生成 草酸鈣結石	健康	不健康 易導致生成 磷酸鎂銨結石

貓咪常見的泌尿系統疾病

一般貓常見的泌尿系統疾病有三種：

一、膀胱炎：簡單來說就是膀胱發生了炎症反應，特別可能是膀胱壁發生炎症，通常跟壓力（像前面提到，我家錢少爺就是壓力型的）或者是缺水的飲食（只吃乾飼料）有關係，而導致高濃度的尿液。

二、尿道阻塞：尿道其實是尿液從膀胱排出的管道，尿道阻塞指的就是這個管道被炎症物質所阻塞，例如結晶或者是結石，這是一種很痛苦的疾病！簡單來說就是要尿尿不出來，應該可以想像那有多麼痛苦對吧！這個症狀特別容易發生在公貓身上，因為公貓的尿道比母貓更窄。

三、尿路感染：尿路感染可能發生在泌尿道的任何地方，是細菌所引起的。像人類的女性，就滿容易有尿路感染，因為女性的尿路比較短，很容易因為喝水量不足、憋尿、私密處不通風而感染，而且一旦感染過之後，就會經常反覆感染，基本上是很難根治的。在貓身上也是一樣，必須時時保持警覺。

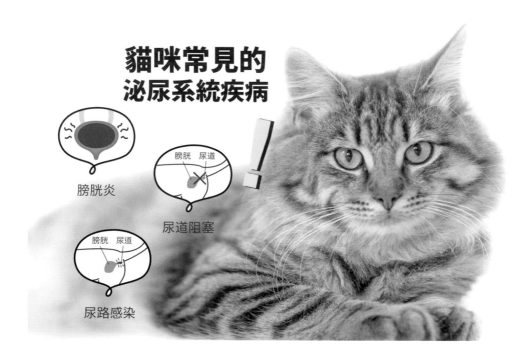

貓咪常見的
泌尿系統疾病

膀胱炎

膀胱　尿道
尿道阻塞

膀胱　尿道
尿路感染

那麼，要怎麼知道自家的貓有沒有這些問題呢？以下有七個觀察性的指標，可以用來檢視你家的貓是不是遇到了一些狀況：

一、感覺很用力的在排尿，無論實際上有沒有尿液產生。

二、頻繁進出貓砂盆，不管實際上有沒有尿液排出。

三、貓砂盆中經常出現小塊小塊的小尿球。

四、血尿。

五、在貓砂盆裡蹲著很久。

六、一直舔生殖器。

七、在排尿時唉唉叫或者流淚。

　　以上這些都是基礎檢測的指標，一旦有任何一點點不對勁，就要立刻帶去獸醫院。因為貓其實是很能忍的動物，如果你可以觀察到有異狀，代表狀況已經很嚴重，發生有段時間了！千萬要把握搶救的黃金時間。

毛孩腎臟保健小撇步

　　坊間腎臟保健的產品百百種，但我必須要慎重的告訴你，千萬不能亂給、亂餵。前陣子有個案拿了一款說是獸醫監製的腎貓保健品來給我看，我一看之下真的是嚇死了，裡面居然使用了化學品「碳酸鑭」。這個成分雖然在獸醫臨床上常用於腎貓降磷使用，但是那需要依照不同貓的體重跟指數嚴重狀況來給，不是每隻貓都能用一樣的

劑量。更恐怖的地方在於沒標示每顆含量，就算要換算也不知道基礎點。萬一腎貓去看診，獸醫師不知道主人有給含有這個成分的保健品，就可能會重複給予降磷劑。你知道磷過低會如何嗎？會造成抽搐、昏迷、嘔吐、心肌受損、溶血性貧血，甚至危及生命。奉勸大家買東西真的要小心，看起來好像很厲害的成分，不一定真的是好的。

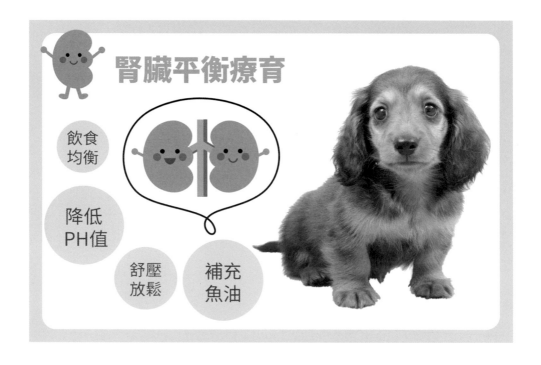

這時你可能會想：那腎臟該怎麼保健比較好呢？前提當然是一定要符合「平衡療育」的原則啦！要天然、平衡。至於具體要怎麼做呢？大概可以分成幾個方向來看。

1、如果是因為尿液pH值過高造成的腎臟泌尿道問題，就要想辦法降低pH值，一般常用的就是蔓越莓萃取、或者天然維他命C。請記

得不要選擇錠劑或口含錠，錠劑中的賦形劑比例超級高，而且廠商還會放糖調味，不僅吃進一堆空熱量，還幫助壞菌生長。

2、壓力：要找出壓力的來源，或者給予一些抒壓放鬆的成分，以貓來說的話就是貓薄荷、貓草、木天蓼之類。

3、飲食要均衡，如果無法全濕食，至少一天要有一餐濕食，增加水分攝取。

4、補充魚油很重要，可以平衡身體的發炎反應。

腎貓的日常飲食控制及保健

如果毛孩已經是腎貓，就要特別注意飲食，因為過多的蛋白質可能會造成他的肌酸酐（CREA）及血中的尿酸氮（BUN）、磷離子上升，使身體更加失衡。基本上不能吃太多的蛋白質，也不能吃磷含量過高的食物。像我自己救援回來的一隻品種貓，他就有這個問題。品種貓經常會有腎臟萎縮的症狀，他剛好就是這樣，有一顆腎臟已經變形萎縮，只剩一顆腎臟有功能，所以需要額外花非常多的心力照顧他。

有一陣子，大約長達兩週的時間，我給他一餐吃低磷罐頭、一餐吃腎處方乾乾，結果沒想到，哇塞，指數瞬間飆高，嚇死我了！連我的獸醫朋友也都嚇到，一直不斷問我究竟給他吃了什麼東西。我說沒有啊，就是一餐低磷罐頭、一餐腎處方乾飼料而已啊。原先他的指數

差不多在第三期的中間，沒想到其中一餐改成低磷罐頭以後，整個指數持續往上爬升，已經快到四期的臨界值。後面的兩週，我立刻改回原先的飲食，就是只吃腎處方的乾飼料，結果兩週後，指數又回到原先第三期的數字，就是又下降了。所以你會發現，飲食是有很重大的影響的。

後來我讓他試試高含量DHA魚油，因為有滿多文獻指出讓腎臟病人使用DHA含量特別高的魚油是有幫助的，目前測試的結果也的確如此，指數有逐漸往下走，於是就再搭配一些天然的療法給他做平衡。因為腎臟問題其實也是一種發炎反應，我最近在幫他測試一個新的成分，依據文獻來看，這個成分能使肌酸酐、血中尿素氮的指數下降，所以我很希望用在貓身上也能有同樣的效果。而我本身就是檢驗出身的，所以我很注重科學檢查，每兩週就會複診一次，做血液檢查，所有的紀錄我也都會留存。剛好我配合的獸醫也很願意讓我使用天然的療法，所以基本上我只給他天然的保健食品，沒有再用傳統的吃藥、打皮下之類的方法，也沒有給他用中藥。目前指數已經降到第一期囉！

第10章

內分泌系統失調，身體絕對好不了

再來要談的是內分泌系統，內分泌是影響生物體極大的系統之一，什麼是內分泌系統呢？簡單來說就是負責調控動物體內的各種生理機能正常運作的兩大控制系統之一，它會由腺體分泌一些激素（也就是化學傳導物質），然後透過體液或血液，經由循環系統送到正確的標的器官，進而產生作用。所以簡單來說，如果毛孩的內分泌系統失調，那麼內部系統調控就絕對是失衡的。

貓狗常見的內分泌疾病

以狗來說，庫欣氏症、甲狀腺亢進、甲狀腺低下……這些其實都是典型的內分泌系統出現了問題。

庫欣氏症也稱為庫欣綜合症，這是一種腎上腺素過度分泌某些激素而導致的病症，好發於七歲以上的犬種，例如：西施、貴賓、柯基、臘腸…等。它的另一個醫學上的名稱叫作「腎上腺皮質功能亢進」，意思就是指在腎臟附近的腎上腺產生過多的物質，導致皮質醇過多，而皮質醇過多過少都不行，都會出問題，甚至危及生命。

這種疾病可分為三種類型：

一、腦垂體型：這是最常見的類型，占這個疾病的百分之八十五到九十，是位於大腦底部的腺體中有腫瘤，可能是良性，也有可能是惡性

的。它會導致垂體過度產生ACTH（訊號過多），然後刺激腎上腺產生皮質醇，如果這個垂體腫瘤持續變大的話，就會影響大腦，甚至可能會導致一些神經系統的症狀。

二、腎上腺皮質分泌過多：這可能是腎上腺本身有腫瘤，或者不明原因的過多分泌。如果是良性的腫瘤就是腺瘤，惡性的則是癌；前者切除就沒事了，若是後者，癒後效果可能就會不太好。

三、長期使用類固醇：毛孩長期使用類固醇治療，而導致皮質醇過多，這又叫作醫源性的庫欣病，是過度使用口服或注射類固醇而產生的。

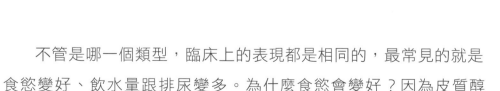

毛孩的內分泌性疾病
庫欣病症狀

又稱為**腎上腺皮質功能亢進**。指在腎上腺產生過多的物質，導致皮質醇過多。

- 皮膚變薄
- 尿量變多
- 體重增加
- 食慾旺盛
- 喝水量大增
- 活動力下降
- 尾巴脫毛
- 腹部下垂
- 皮膚對稱性脫毛
- 皮膚變黑（色素沉澱）
- 頸背處隆起（脂肪沉積）

不管是哪一個類型，臨床上的表現都是相同的，最常見的就是食慾變好、飲水量跟排尿變多。為什麼食慾會變好？因為皮質醇

升高，皮質醇會刺激食慾。再來就是活動力下降或者是嗜睡，毛質變差。很多庫欣病的狗外觀看起來都是大腹便便，那是因為腹部內的脂肪增加，器官隨之變重的關係。然後也會出現氣喘、膿皮症、色素沉澱、皮膚鈣質沉著症，皮膚的傷口癒合不良，也可能有持續性的膀胱感染發生。

毛孩的內分泌性疾病
糖尿病症狀

吃多、喝多、尿多
要注意！

· 食慾變好
· 喝水量大增
· 排尿量大增
· 吃多卻體重過輕
· 活動力下降
· 精神變差

　　而以貓來說，內分泌系統常見的疾病則有糖尿病和甲狀腺亢進。所以糖尿病不是人類的專利喔！得糖尿病的貓，多見於銀髮毛孩，需要特別注意胰島素的調控。且一旦有糖尿病，就要特別留意尿路感染的問題，因為過多的糖在尿液中，會為細菌創造良好的生長環境。隨著阿嬤養的毛孩越來越多，胖毛孩也越來越多，當然引發糖尿病的比例也越來越高啦！輕度的糖尿病，其實只要做好飲食調控，加上補充寵物專用微脂化薑黃素，就能有效控制住了。

甲狀腺亢進，則是貓群中最常見的內分泌系統問題，那是什麼原因導致的呢？簡單來說就是甲狀腺分泌過多，在四歲以上的貓身上都頗常發生。

　　所以，如果毛孩突然變得愛喝水、頻尿、皮膚總是反覆的感染，除了可能是泌尿系統的疾病，更有可能是糖尿病、也就是內分泌出現了問題！因此確定原因之後，針對問題從根源解決是非常重要的。如果已經確定是甲狀腺、胰島素的問題，前面提到的「寵物專用微脂化薑黃素」就能有效的控制狀況。

　　我覺得它厲害的地方在於它有非常多的功能，簡直就是cp值超級高的植物萃取，像它對內分泌方面的平衡調控也是很有用的！

第11章

別讓心血管太快老化

吃omega-3和6保養心血管？大錯特錯！

接下來是心血管方面的問題。心血管的老化，在毛孩的保養中也是非常重要的一個環節，坊間常常會說要吃omega-3、6，事實上，這是大錯特錯！在毛孩的一般日常飲食中，omega-6已經很多了，所以你該幫毛孩補充的不是omega-3和6，而是只能補充omega-3。

其實omega-3跟omega-6在體內應該要是平衡的狀態，失衡的話，就會引發發炎反應。在毛孩原本的飲食中已經有很多omega-6，代表這個天平本身已經處於失衡的情況，也就是體內已經失控，如果你再持續的補充omega-6的話，只會讓這個天平持續失衡，兩種物質的差距越來越大。因此，如果真的想要毛孩好，就要補充充足的omega-3，因為只有補充omega-3，才能讓這個天平慢慢的平衡回來，所以補充好油是非常重要的一件事。

植物油裡面有很多omega-3、魚油裡面也有，到底該怎麼選比較好呢？事實就是，效果要好，配方設計的關係非常大！如果只是一般的魚油，我建議一定要選小型的魚種製作的，而且必須符合美國藥典USP認證，因為有通過藥典認證，代表是最純淨無雜質的，就不會有汙染。而深海魚、大型魚很容易有重金屬汙染的疑慮，所以基本上如果你看到的魚油是大型魚種製作的，就可以直接out！而沒有USP藥典認證的小型魚種也是不行的。

另外還要特別注意的是，配方中如果單純只有魚油，就是好吸收、但是不持久。如果你想要好吸收又長效的話，好的植物油也是不能少的。亞麻仁籽油，它的omega-3含量超級高，但是它沒有辦法瞬間被吸收，因為它畢竟是植物，植物油要經過轉換才能被吸收，所以這個配方的設計要有亞麻仁籽油加上小型魚油，這樣配方才是完整的，能做到瞬效吸收，又能緩慢釋放。這是什麼意思呢？簡單來說，就是你的毛孩吃進去時，可以馬上就先吸收利用魚油裡面的omega-3，然後在體內再慢慢轉換吸收亞麻仁籽油，做後續的跟進補充。這樣的話，不用吃得那麼頻繁，也不用吃那麼多劑量，就可以穩定維持體內omega-3含量，讓體內的平衡穩定作用。這樣的機制設計是不是超級棒的呢？

體內含量一定要是穩定的，才能達到我們想要的效果。如果今天一下子吸收完就沒了，之後身體還是處於失衡的狀態，無法維持體內

的動態平衡。生物體內其實每時每刻都在變化，所以維持動態平衡是非常重要的一件事情。

選擇複合配方式的魚油，不僅能保護心血管，而且還可以維持體內的平衡、減少發炎。另外如果想要毛孩的毛色亮麗、維持皮膚的健康，那就必須選用含有「賽洛美」這個成分的魚油。因為賽洛美是一種神經醯胺，會在生物體裡起到保護作用，它會在皮膚表層形成一層保護膜，幫助皮膚做防護，也會幫忙調整濕度，醫美也經常使用這個成分。因為它的價錢非常昂貴，所以基本上很少有人會用在毛孩身上，但如果你家的毛孩有皮膚方面的問題，就一定要選擇寵物醫美級賽洛美魚油，這樣才能幫他同時修復肌膚，免受持續性傷害。另外還要注意，賽洛美一定要內服才會有用，外用的賽洛美幾乎是沒有效果的，因為很難被吸收。

複合配方魚油的效果

毛孩心血管問題補充首選

· 毛色亮麗
· 修復肌膚
· 保護心血管
· 維持皮膚健康
· 減少發炎症狀
· 維持體內的平衡

Part III

老當益壯
高齡毛孩該注意的
日常保養

第12章

銀髮毛孩的眼睛保養

接下來，我們要談談銀髮毛孩身上常見的一些問題，主要有眼睛、關節、高血糖、高血脂、肌肉退化…等。

眼睛問題、關節問題？傻傻分不清楚

在銀髮毛孩身上，有時候到底是眼睛發生問題，還是關節發生問題，會有點難以辨別。像有一個個案，一開始主人說毛孩不太想動，以前本來活動力都不錯的，但後來就不太願意動。主人認為應該是關節退化的問題，因此給毛孩吃了關節保健食品，沒想到吃了一陣子之後，情況依舊沒有改善。後來我覺得好像不太對勁，仔細詢問之後，發現這隻毛孩的眼睛有點霧霧的！於是我想，這樣子好了，關節保健食品先不要吃了，改成吃保養眼睛的保健品，並搭配特定食用步驟。沒想到吃了一陣子之後，毛孩就變得活蹦亂跳。後來主人才知道，原來他的毛孩不是因為腿不舒服不願意動，而是因為眼睛看不清楚，所以不敢動。這中間的差別，只能多觀察，找出真正的問題究竟出在哪裡。

眼睛保養品的黃金比例

說回眼睛保養，很多人都說保養眼睛沒有用，事實上是因為外面的產品一般來說有效成分含量都是不足的，而且不是天然萃取成分，所以吸收率、效果都很有限，看起來就好像吃了也沒用。

根據美國眼科醫學會的研究，葉黃素跟玉米黃素的比例必須是10:2，又稱之為「睛盞10:2」，這樣才是最佳的黃金比例，但是外面坊間常用的比例是5:1。以數學上來說，10:2跟5:1是一樣的，但是在醫學上，這樣的含量就是不足。保養不是吃心安的，必須要確實吃到有效含量，才會起作用。

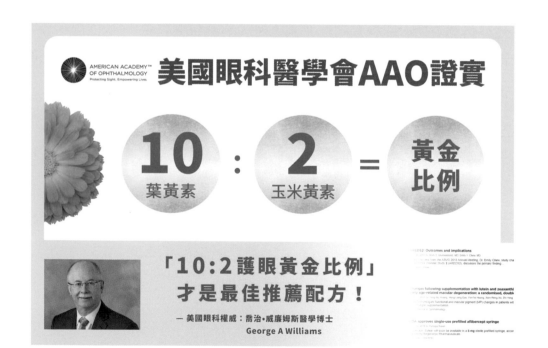

第13章

骨骼與肌肉系統，影響銀髮毛孩活動力

骨骼保養常見迷思

再來講到骨骼系統，最常見的就是關節問題。其實除了銀髮毛孩會有關節問題外，還有很多犬種也特別容易有骨骼上的負擔，像是臘腸的脊椎很容易出問題，或是比較大型的狗，髖關節會比較容易有問題。很多人都會說，關節有問題就吃葡萄糖胺，事實上醫學已經證實，葡萄糖胺跟安慰劑的效果沒兩樣，因此這個成分已經從人類的健保中剔除了。而且大部分的葡萄糖胺產品都含有鈉鹽或者鉀鹽，毛孩的代謝能力比人快很多，瞬間湧入過高的鈉鹽或鉀鹽，還可能造成腎臟的損傷；特別是如果已經是腎貓、腎狗的，千萬不能使用這類產品。無奈坊間大部分跟關節有關的保健食品都含有葡萄糖胺，所以是很可怕的事情。

這時候你會想：那到底該怎麼做比較好呢？難道就放著不管了嗎？當然不是。中國幾千年來有一個很厲害的古方叫作「龜鹿」，相信你應該有聽過吧！這是幾千年以來老祖宗的智慧，古代都是一些帝王用來延年益壽的，而以現代的科學萃取技術來講，寵物腎臟保健龜鹿雙寶可以為毛小孩提供最天然的健康，因為在中醫的理論中，腎主骨。簡單來說就是，腎精對骨骼健康非常重要。腎藏精、精生髓、髓

養骨。腎精好不好跟骨頭好不好有密切的關係。我們常說「骨髓」，骨髓就是「髓藏於骨胳之中」，所以稱為骨髓。因此腎精充足，才能使骨髓充盈而促進血液的循環；讓骨髓獲得充足的營養，骨骼才能強壯堅固。

很多人會想說：那幫骨頭補鈣呢？事實上，補鈣不是一個好選擇，因為目前坊間的補鈣產品，大部分都是很難吸收的。幫毛孩補充那麼多的劑量，卻沒有辦法被吸收利用，你知道那會怎麼樣嗎？那些鈣就會在毛孩的血液裡面游離，遇到可以結合的物質時，就會形成比如草酸鈣，那麼結石就產生了。所以腎結石、膽結石之類的很容易發生在毛孩身上。

我還是老話一句：從最天然、最有幫助的源頭下手，才是根本的解決之道。讓血液循環變好、代謝變好，身體各個系統正常運作，自然就平衡了。一旦校正平衡之後，要維持就比較容易啦！千萬不要貪速效、貪便宜，這樣反而會得不償失。很多時候補錯了比沒補還可怕，千萬不能不謹慎。

銀髮毛孩增肌的最佳選擇

再來我們來談談肌肉系統。很多銀髮的毛孩活動力不好，其實不僅僅是關節或骨骼的問題，而是因為他們的肌肉沒有力量、退化了，所以沒有辦法支撐他身體的這些重量，跟他的運動量。簡單來説，毛孩跟人一樣，其實也都會有肌肉減少的狀況，隨著時間過去，逐漸老化，然後慢慢變得沒有力氣……。所以身為主人的我們幫他調控營養就變得很重要，因為過多的蛋白質，這時反而會增加腎臟的負擔！平常遇到肌肉不足的狀況，我們可能會直覺的認為增加蛋白質攝取就好啦，那就會增加肌肉量，其實這是不一定的，因為沒有做好平衡的話，攝取過多蛋白質，會加重腎臟的負擔！銀髮毛孩本來腎臟功能就因為老化，導致機能逐漸下降，如果再增加蛋白質的攝取，就算是他可以吸收，也會加重腎臟的負擔；更何況很多時候，他的腸胃道可能也老化了，這麼多的蛋白質很難被吸收，因此，增加蛋白質攝取量不是正確的選擇。

這時候，如果你想要幫他增加肌肉量，最好的方式就是補充植物天然萃取的養分，也就是之前提過的「寵物專用微脂化薑黃素」。

滿多研究已經證實，它可以減少肌少症的發生率，甚至能夠提高肌耐力，還有額外的好處是它能夠平衡體內發炎的狀況。就像關節會不舒服，就是因為關節發炎，攝取寵物專用微脂化薑黃素，剛好可以針對整個肌肉、骨骼系統去做搭配性的平衡，確保協調性。是不是一瓶抵多瓶，超級厲害呢？不僅可以免去超多瓶瓶罐罐的麻煩，省了荷包，毛孩還少受苦。

微脂化
薑黃素

減少肌少症的發生率
提高肌耐力！

第14章

保護好神經系統，可降低失智風險

常見的神經系統退化疾病：阿茲海默症

接下來我們要談談銀髮毛孩另外一個常見的問題，就是神經系統的狀況，像是「阿茲海默症」。簡單來説，阿茲海默症就是腦部發生退化性的病變，它是不可逆的，一旦發生，以現今的醫學無法治療，而且這疾病在毛孩身上也滿常見的。

你可能會想要知道，如何確認毛孩是否得了阿茲海默症呢？其實毛孩的阿茲海默症，外顯狀態跟人類一樣，就是失智。所以他可能會忘記自己吃過了、忘記自己喝過了、忘記自己上過廁所了，甚至嚴重時會忘記主人，這時候其實雙方的壓力都滿大的。

因此，針對這種阿茲海默症做預防是非常重要的。當然腦部性的病變不只這個，但在這裡，我們先針對一些比較常見的狀況來做討論，畢竟醫學上可能發生的狀況實在太多了。

阿茲海默症是可以被預防的，只要前期做好預防保養，就可以降低發生的機率，也不會那麼快就發生；即使不幸發生了，疾病的進程也不會那麼快。所以我一直在推廣預防醫學，但是這裡的預防醫學指的是天然的預防醫學（自然醫學＋預防醫學）。等到事情發生之後

才來解決是不OK的，我一直不斷的在強調「毛孩應該過著有品質的晚年生活」，你想想看，假設今天是你得了阿茲海默症，我相信你不會覺得自己還能過有品質的晚年生活吧！毛孩也是一樣的，萬一今天他得到這個疾病，忘記了自己曾經做過的很多事、很多跟你之間的回憶，那時候的他，跟患病的人類一樣，內心其實會處在非常恐慌的狀態中，這時候他心裡的壓力是非常大的，而當然主人面對這樣的狀況時，心理壓力也絕對不會比較小。

這時候雙方都很辛苦，而且除了心理壓力之外，在現實生活中面臨到的生活壓力也不小。所以，能預防的話，這不值得投資嗎？我認為是非常值得的。有高品質的晚年生活，你們就可以像以前一樣開開心心的，那該有多好？

神經系統保健超優組合

這時候你可能會想：我們該怎麼預防呢？事實上，方法有不少，我會建議選擇兩種成分來做搭配，成效最佳。那是什麼呢？別著急，我接下來就來跟你分享。

第一個成分，就是前面有提到過的「寵物專用微脂化薑黃素」，其實在人類的醫學研究中，已經證實這個成分對阿茲海默症病患有非常顯著的成效。另外一個推薦的就是魚油囉！當然還是要選擇寵物醫美級賽洛美魚油。不過你應該很好奇，為什麼會提到魚油？魚油裡面有DHA跟EPA，兩者其實是作用在不同的地方，像之前講的血管

部分，主要著重的是EPA，因為它可以減少血栓，沒有血栓，自然血管就不容易被塞住。DHA則是更常聽到的，諸如小孩要吃DHA、孕婦要吃DHA，主要是用以補腦。所以如果沒有特殊的情況，毛孩需要魚油的DHA＋EPA，這樣的成效會是最全面的。而你把寵物專用微脂化薑黃素和魚油一起吃，效果又會得到加乘，因為「微脂化薑黃素」是脂溶性的，搭配魚油一起吃，正好可以強化吸收利用率！

我覺得這個組合，可以說是cp值超高的一個天然保健組合，基本上大部分的預防醫學，這個組合都能做到。這樣你是否覺得這兩個成分是非常值得投資的單品？我覺得它們根本就是一個毛奇蹟組合的概念，而且這個搭配特別符合我提倡的「平衡療育」。當然囉，這兩個成分的選擇要點前面都提過了，忘了可以回到前面的章節去看看。

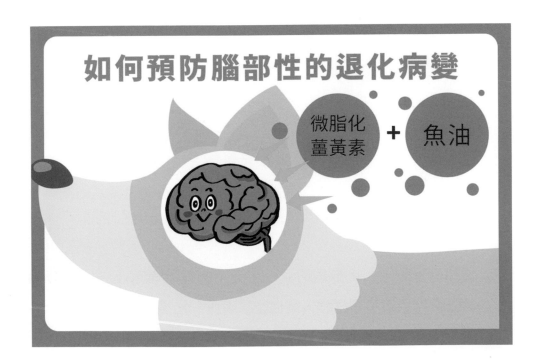

第15章

銀髮毛孩的高血糖問題

請努力抵抗毛孩的水汪汪大眼睛討食攻勢

再來是高血糖的問題,這在銀髮毛孩身上也是很常見的狀況。為什麼會發生呢?當然就是因為有系統失衡了啊!有的毛孩是因為老化而有些失衡、有些則是因為飲食攝取的配比不恰當。

舉個例子來說,毛孩很可愛,用汪汪的眼睛看著正在吃東西的你,於是你就抵擋不了誘惑,餵他吃了東西。這種場景是不是很熟悉呢?經常反覆如此,就會引發攝取過量的問題。不要想說偶爾一次沒

關係，你只要這一次沒有辦法抵抗，這件事情就肯定會經常發生，很容易變成一個常態，因為他會清楚的知道這樣「對付」你是有效的，而且會在他潛意識裡建立起「水汪汪的看著你，就有得吃」的連結。更恐怖的是，如果你家裡還有除了你以外的其他人，他會依樣畫葫蘆的對每個人都做同樣的事情。你想想看，每個人給他一點點，對他來說會是多可觀的量呀。

特別是一些容易引發血糖震盪的食物，例如水果、澱粉類的東西，我相信你在餵食他們的時候，絕對不會特別確認餵的是不是低GI食物對吧！如果不是低GI食物，他又剛好有血糖失衡的問題的話，就非常容易引發他的血糖震盪，長期下來會導致疲倦、肥胖，嚴重的話甚至會得糖尿病。如果最後毛孩得要吃藥、打針控制，那真的是一件超麻煩的事。餵藥已經很麻煩了，打針的話更不用說，弄到後來，他一定都是跑給你追，雙方都累。而且吃藥一定會傷身，這就不用再說了吧。所以在前端做預防、後面做調控，就是非常重要的事情！

那該怎麼做呢？基本上，毛孩結紮之後，就一定要開始做飲食的控制，如果沒有做飲食控制的話，大部分的毛孩都非常容易超重。另外千萬不可以因為他可憐兮兮的望著你，就三不五時給他吃一堆有的沒的東西！特別是人吃的食物，千萬不要覺得像水果這麼健康一定沒問題。雖然水果是天然的食物，但事實上果糖是非常難以被代謝的，這點連對人來說都是如此，這是生物的演化過程，其實生物還沒有足

夠的能力處理過多的果糖。而肝臟處理不了過多的果糖的話，果糖就會游離在血液當中，長期下來就變成高血糖。

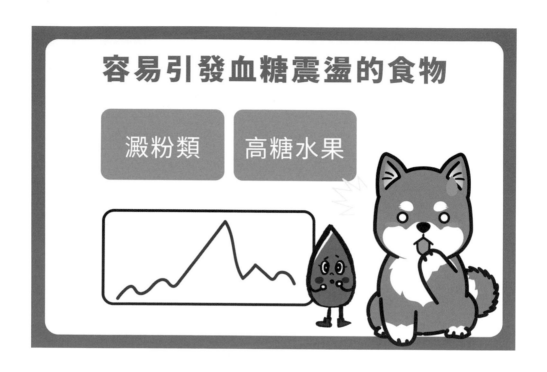

當然，過多的澱粉也可能會造成這種狀況，可能會形成脂肪被儲存下來。所以萬一已經有高血糖，精準控制飲食就是非常重要的，必須選擇低GI的食物。還要特別注意，蛋白質攝取也不能過量，因為一旦蛋白質攝取過量，很容易造成腎臟的負擔，到時候萬一演變成高血糖加上腎臟病，一切就麻煩大了！也不要想說，那我就多給他吃一些罐頭好了，這也是不行的，飲食要控制，就是說各方面都剛好就好了。減量時不要一次減量太多，因為毛孩可能不習慣，會很容易餓；可以用逐步減量的方式，再加上一些洋菜凍做搭配，這樣可以幫助他增加一些飽足感。

預防、控制血糖的保健品奇蹟組合

在保健食品的補充方面，前面提到的那個毛奇蹟組合也有非常棒的功效，因為「微脂化薑黃素」已經被證實可以有效的調控人類的血糖，再加上魚油，好的油脂熱量夠，會比較不容易覺得餓。因此我說這個組合簡直是毛孩必備組合，原因就在這裡，你有沒有發現它們真的有非常多的功效啊！當然，還沒有高血糖的毛孩吃這個組合也沒有問題，可以預防高血糖的生成。

我在書中一直提到「平衡」的概念，熱量的攝取也一樣需要平衡，過與不及都是不好的。而因為每一個毛孩的體質狀態都不一樣，需要的營養配比也不盡相同，因此必須透過專業的「寵物健康療育師」幫你的毛孩做最專業的搭配建議。你可以把他當作是毛孩專業的生活管家，這樣一想是不是很酷呢！

當然，肥胖會造成的疾病並不只有高血糖、糖尿病，也很容易造成一些心血管疾病，以及想當然的，關節、脊椎也會因為體重過重，過度的承受壓力，導致磨損或者提早老化，所以有不少過胖的毛孩們也都會有關節炎的問題。

而毛孩們的體重過重，跟進食過量、飲食太過油膩、或是缺乏運動等，其實也有關係，長時間累積下來，也可能導致血管內脂肪過多，引發所謂的高血脂。高血脂又容易導致胰臟炎，一旦引發胰臟炎，事情就很麻煩了！

　你可能會想問：有沒有方法可以在初期發現高血脂？但麻煩的就是高血脂初期並沒有明顯症狀，因此很多主人都很容易忽略，等到其他併發症，像是前面提到的胰臟炎、糖尿病或是脂肪肝等症狀出現之後，才發現原來毛孩有高血脂，那就會演變成麻煩的慢性病，對毛孩跟毛爸媽來說都是種折磨。

　建議如果在短期內體重快速增加的話，就要趕快去獸醫院做血液檢查，盡快找出問題的成因，以及還有沒有其他的問題。高血脂、胰臟炎，在「平衡療育」中的處理方法是很類似的，簡單來說必須減重、控制飲食。油脂攝取必須注意，不能攝取太多，但必須要補好油。

　很多人這時都會跟你說，得了這些病就不能吃油的東西。我想提出一個很重要的觀念：這時不是不能吃油，而是攝取量很重要！必須

維持平衡的量、不能過多，而且不是所有的油脂都不能吃，必須要補好油。前面有提過，所謂好油，就是魚油加上亞麻仁籽油，這是一個非常好的搭配。一直吃水煮餐也是平衡不了的，所以記得要適當的補充好油喔！

前面提到的毛奇蹟組合，用在這裡也非常合適，因為「寵物專用微脂化薑黃素」，在平衡炎症反應跟降血脂方面，都有很好的效果！

所以如果能在一開始的時候，就給寶貝吃這個毛奇蹟組合，其實很多狀況就都不會發生了，這也就是天然預防醫學真正的概念。預防勝於治療，不要等到病症發生了才來處理，這時候真的是為時已晚，要耗費的時間精力無法估計，更可怕的是毛小孩還要因此受苦、受盡折磨。

第16章

別讓癌症找上銀髮毛孩

　　再來是癌症，其實毛孩也可能會得各式各樣的癌症！根據臺北市動保處跟臺灣大學獸醫專業學院合作的「犬貓十大死因調查報告」結果顯示，毛孩首位的疾病都是癌症，而且是超過八歲的銀髮毛孩最常見的死因。

　　大家可能知道癌症是惡性腫瘤，但腫瘤又是什麼呢？白話來說就是，在細胞分裂的時候，產生了異常的增生。但是腫瘤有良性跟惡性之分，良性的不會侵犯周圍的組織，也不會轉移；惡性的就是大家所說的癌症，不僅會侵犯周圍的組織，而且會轉移擴散。一般來說，在毛孩身上發生的話，擴展速度會很快。

　　這時候你可能會想問：毛孩為什麼會得癌症呢？跟人類一樣，目前形成的原因醫學上還無法完全確定。可能跟品種遺傳基因、性別、年齡、生活習慣、環境因子…等綜合因素有關。治療的方式，基本上也跟人一樣，通常就是使用鏢靶藥物、化療、手術等。可是這些治療方式，對很多癌症基本上是沒有什麼效的，例如纖維瘤。而且腫瘤的成因滿複雜的，有太多可能性。

　　我們就以貓常見的舌下纖維瘤為例好了，為什麼會有舌下纖維瘤？之所以會生成這個，可能是因為牙周病。那為什麼會有牙周病呢？就是發炎了，可能主人沒注意，就一直發炎，進而轉變成牙周

病，還有可能是因為老化的關係，或許以前沒有好好保養，或是經常受到外在的化學物質刺激所導致。一旦生成，要找源頭就沒有那麼容易，因為路徑是很繁複的。

所以最好的方法就是做好預防，這樣就可以確保毛孩的健康。試想看看，如果沒有發炎，身體是平衡的，當然也不會有自體免疫的問題，也就不會有牙周病。身體是平衡的，老化速度也會比較慢，就不容易有這種纖維瘤的產生。所以做好保健是不是很重要？這就是預防醫學！而前面提到的「毛奇蹟組合」就可以達到這個平衡的效果。所以我才會說，若使用這個組合，毛孩就好像「自帶健康防護罩」了一樣。

這邊要特別提醒的是，萬一毛孩罹患癌症，營養補充品一定要慎選，萬一選錯產品，非但對毛孩沒有幫助，還可能會增加癌細胞的營養！例如靈芝之類的東西，基本上絕對不要碰。還記得前面說過的吧，這時候毛孩的體質是虛不受補的狀態，所以不是所有的草本植物都可以拿來作為補品。相反的，這時候的癌細胞活得頭好壯壯，正在生命力最旺盛的時候，吃補品很可能會被癌細胞拿來補充，讓癌細胞擴張更順利，反而起了反效果。

第17章

用愛與智慧為毛孩找到真幸福

你和毛孩相處的時光，無價

　　有些人會說，東西夠用就好了，所以隨身物品都買比較便宜耐用的，看到別人買香奈兒或是愛馬仕的包包，就說別人是敗金女。但是你有沒有想過，真皮的皮包可以用更久？而且，可以讓你的氣場變得更佳、心情變得更美好、整個人變得更有自信，然後別人看你的眼光也會不一樣。

如果你是個業務，你覺得這樣是不是會為你創造不一樣的訂單成交率呢？甚至因為不同的氣場，你可能會接觸到不同層級的客人，訂單成交的金額也會比較高，是不是就比較容易達成你的業績目標？甚至還有可能超標呢！

其實把自己打扮得美美的，心情好，自然就會變得有自信。人就像是一個磁鐵，什麼樣的能量場，就會吸引到什麼狀態的東西，包含客人這類的也是。所以如果今天你只著重便宜，覺得可以用就好了，你覺得這是怎樣的內在狀態？是不是讓你感覺有點隨便，沒有很重視。你想想看，如果今天你是錢，你會想要待在這樣的錢包裡面嗎？所以你說，這樣財富怎麼可能會來到你身邊呢？

而且，物品是否昂貴，也不該只用數字來衡量，應該客觀一點，用有沒有效果，帶來的改變是否有感來做衡量。如果沒有效，說真的就算賣十塊錢我都嫌貴，因為連那十塊錢都是白花的，還有浪費的時間成本，該怎麼計算？如果很有效，即使要花一百萬，也算便宜。比如現在臺灣的新冠肺炎疫苗很缺乏，所以有人願意花個三十萬到五十萬出國去打疫苗，為什麼他會覺得便宜划算呢？因為命是無價的啊！就像一個心臟病的患者，你如果換給他一個有病的心臟，只要付十萬元，很便宜，但是他可能三個月後還是離開了這世界，這樣真的值得嗎？

生命真的不能用數字來衡量，不能只看這個面向。前面也算過了，毛孩的一生不過就五千個日子，每一天對我們來說都是彌足珍貴的，每浪費一天就少了一天。你覺得這相處的時間價值多少錢？在我的心中，這是無價的。就像錢少爺生病的時候，我很慌張、很害怕、很無助，當時我只有一個念頭，無論花多少錢、要用什麼東西，我都願意買最貴最好的來給他用，就算傾家蕩產，只要能救回他一條命，我都認為是值得的。如果身邊沒有了他的陪伴，擁有那麼多錢還有什麼意義呢！

我還記得，有一次我去北京看展，當時有一個「複製」的攤位，成功複製出一隻警犬，攤位上還提供了相關的資料。看到之後，我回

來就一直在思考，我要不要也複製一個錢少爺？雖然要花一百多萬台幣，但如果因此他能一直陪著我，那些錢花得就是值得的。但是仔細思考一下，以DNA來說，經過複製之後確實是一樣的，但是以靈魂層面來說，這個他就不是原本的他了，對吧？所以後來我就冷靜下來了，因為我知道，對我來說最重要的就是他，不是別的複製貓。

甚至在更早之前，我曾參與寵物脂肪幹細胞的研究，這是走在毛孩世界尖端的醫療，那時候我就在認真的考慮，是不是該幫錢少爺再動一次手術，因為一般來說，這個手術是在結紮的時候順便取出脂肪幹細胞儲存，但在這之前，錢少爺就已經結紮過了。要儲存脂肪幹細胞，是為了他以後做考量，萬一有一天生病要用到的時候，才有得用。後來研究發現異體的脂肪幹細胞也是可以用的，所以我就沒有特別讓他動手術，儲存他的脂肪幹細胞了。我只是想說，為了他，我不惜花費任何的金錢，說白了就是不惜重金啊！只為了要給他最好的生活品質，因為他就是我的家人，當然要好好照顧他。

在還沒有養錢少爺以前，我一直覺得「貓奴」這個詞很妙，怎麼會有人願意當奴才，好奇怪喔！我還曾經笑別人是貓奴，當時我心想，如果有一天我養了貓，我絕對不會是貓奴，我一定讓他成為我的奴才。結果沒想到養錢少爺沒多久之後，我就變成了名副其實的大貓奴，不知道從何時開始，事事都以他為優先考量。我晚回家還要看少爺的臉色，因為少爺會不爽！甚至我出差，少爺也會不開心。不管我做什麼，都要顧及少爺的心情，在家裡的地位好像瞬間就真的變成奴才了，所以我覺得貓的力量真的很強大啊！

毛孩的情緒問題與寵物溝通

很多毛孩跟人類一樣，都會有情緒方面的問題，而這特別容易發生在要去陌生的環境，比如說返鄉過年的時候。因為毛孩平常生活的環境跟老家是不一樣的，換環境的話，特別是貓，就很容易會受到驚嚇、情緒很容易緊張，進而可能引發其他的一些身體問題。有些毛孩離家了會特別沒有安全感，可能只是去洗個澡也會很不舒服，這些都是有可能的。而像過年的期間，有些地方會放鞭炮，毛孩們容易受到驚嚇，這也會引發他們的情緒問題跟壓力，所以毛孩事實上也會有不少情緒問題。

還有一些毛孩，可能會有分離焦慮，像主人出去上班不在家時；更可能因為不安，產生分離焦慮後，會用一些方法讓自己受傷，為的就是引發注意，讓主人的焦點全部集中在他身上。這時候最根本的解決方法，當然還是陪伴。雖然有一些抗憂鬱的藥可以吃，但畢竟是藥，吃久了對他們還是不好的，而且治標不治本。舒緩他們心情最佳的方式是陪伴，不要常換環境，要好好了解自家毛孩的性格，如果他不愛外出、不願意接觸陌生人，千萬不要勉強他，以免給他過大壓力，從而引發疾病。

有些主人可能會選擇用比如寵物溝通來解決毛孩的問題，這不一定會有用的原因，很大一部分是取決於主人是否真心相信，還有溝通師接收訊息的靈敏程度，我覺得這些都會影響結果。所以如果需要找

溝通師，我會建議大家找比較有經驗、個案服務次數比較多的，因為說真的，平常沒有練習靜心的溝通師，是沒有辦法準確的接收到訊息的。

　　像我之前曾經找過一個寵物溝通師，但一開始就發現他講的跟實際狀況不一樣，所以馬上就終止了，沒有繼續溝通下去。後來，我自己因為我們家另外一位公主「卡妮」腎臟萎縮的關係，去學了希塔療癒，為的就是要跟她溝通。

　　希塔療癒也是跟寵物溝通的一種方式，主要是跟毛孩的高我（毛孩本身的神聖意識）做溝通，但毛孩他們並不是用語言來跟我們對話，是用一些畫面或感覺，所以我覺得要是靈性純度比較高、或是

平常有在修練的人，才能比較清楚的接收到毛孩們想要傳遞的訊息。再來，每一個人解讀的狀態不一樣，就會有不同的收訊結果。

我認為寵物溝通適合用來解決毛孩跟主人的情緒問題，以及底層信念（指的是潛意識中根深柢固的負向信念，例如長輩從小常跟我們說錢難賺，要省著點用；長大後我們也一直這樣想，錢就會離我們越來越遠），能讓彼此的關係更緊密健康。

希塔療癒簡介與溝通實例

很多主人都會問我，用希塔療癒來做寵物溝通，跟一般的寵物溝通有什麼不同呢？簡單的以科學方式來說，是溝通師所處的腦波狀態不同。希塔療癒的寵物溝通，顧名思義是溝通師的腦波處於θ波（Theta希塔）的狀態下接收訊息，而一般的寵物溝通師的腦波則是處於α波（Alpha阿爾法）的狀態下。

在Theta波的狀態究竟跟Alpha波有何不同呢？簡單來說，如果保持高度的專注、又非常放鬆的話，我們會進到一個深層潛意識狀態，腦波就會呈現θ波。要進到這個狀態的話，保持靜止（一定程度放下對身體的控制）會更容易。

一般人對這個狀態的形容有：半夢半醒、作清明夢、入定、知道自己還醒著但身體睡著了等等；或是恍惚、Trance、出神狀態。但同時，這個狀態也是與動物連結最清楚的狀態，收到的訊號會是最清楚的喔！Alpha波是層次低一些的，這時的感覺是平靜、祥和，全身放鬆，但收到的訊號強度比較沒有在θ波時那樣的清晰。

當然，想要自己跟毛孩溝通，也不是不可能的！可以先從練習靜心冥想開始，這是不管用什麼溝通方式溝通的溝通師們，一定會做的每日功課。如果自己的心靜不下來，內在的訊號雜訊就會非常多，你根本分不清那是來自自己、毛孩，還是來自於集體意識（大環境）的。透過持續練習以及系統的學習，是很有機會可以跟自家毛孩溝通

的喔！想當初我學希塔療癒，也是為了跟自家毛孩溝通，還有幫他療癒。

接下來，讓我再跟你分享幾個跟心靈有關的案例吧！

還記得我在書的開頭提到的珈珈嗎？她就是意識到，自己如果生病了，媽媽就會把全部的注意力放在她身上，這樣她就能得到滿滿的關注與愛。很多時候毛孩為了獲得主人的關注跟愛，真的會不惜讓自己生病喔！我接觸過幾百個個案都是這樣的狀況，很多毛孩甚至不想好起來。這時候，就得好好跟他們溝通，讓他們知道好起來也依舊可以擁有關注跟愛，還可以一起幸福的享受生活。

前陣子，我去了一個貓中途之家，中途媽媽知道我會用希塔療癒跟毛孩溝通，就請我跟一隻新來的中途貓溝通。因為她發現這隻毛孩一直流口水，懷疑是口炎，但一直抹口炎的藥，也絲毫不見改善。我就幫忙她，幫這隻毛孩做身體掃描，並與他溝通。掃描結果發現他的口腔真的有發炎，但不是口炎，而且腹腔處有黑色的陰影。跟他溝通時，他擺明不舒服，而且也很傷心。他非常難過：為什麼一直等不到主人？他好想他的主人。感受到他的感覺時，我都差點哭了！我趕緊告知中途媽媽，把他送醫治療，結果醫生診斷的結果跟我掃瞄的結果一致，中途媽媽直呼太神奇了！（診斷結果是口腔發炎，另外腎臟有結石。）

中途媽媽那裡還有一隻住了很久的貓咪，這隻貓咪每次見到領養人來總是會跑走，因此中途媽媽希望藉由溝通來傳達「有新家很棒」

的概念，叫我跟他說，要把他送走給別人領養的事。但沒想到這隻貓咪聽到自己會被送走，超級生氣。我跟他說：「可是你在這邊，中途媽媽會有很多很多的貓咪，你不會得到全部的愛跟關注，這樣也沒關係嗎？」他回我：「沒關係，只要能跟中途媽媽在一起，不管怎麼樣都好，我只愛中途媽媽一個人而已。」後來中途媽媽聽到我的描述，叫我騙這隻貓咪，說我要把他帶回家，沒想到我話都還沒講完，貓咪立刻轉頭走掉。你說，毛孩們是不是超級有個性、有靈性呢？

有一次，我幫一個貓友跟離世的毛孩溝通。貓主人第一句就問我：現在他在哪裡？當時是視訊，我看不到他那邊的全貌，我就比了一個方向，結果主人當場就哭了，因為那就是毛孩生前常窩著的地方。其實我當下感受到，毛孩並不知道自己已經離開人世了，他只覺得好奇怪，怎麼媽媽都不理他？我跟他說之後，他才知道自己已經離世了。但他當下聽到這個消息時，超級冷靜的。貓媽媽希望我問他，想怎麼處理後事，是要樹葬？還是放在罐子中？結果他說：只要能跟大家在一起，怎麼樣都好！超級感人。他知道他的主人很捨不得他，就說他會多留幾天，再陪陪主人再走。主人後來跟我說，那幾天真的感覺他還在家，還聞得到貓砂的味道之類的，幾天過後就沒有了。

當天我跟主人都哭得超級慘，我也終於了解大家不想跟離世的寵物溝通的原因，因為真的太難過、太痛心，那種情緒的衝擊真的太大。而一般來說會走身心靈產業的人，都有很大的愛心，在這種狀態下，會接受到的衝擊也就更大，感受到更多的難過。那來自於當下的

情境，或是毛孩，也會有主人的情緒，整個堆疊起來的情緒能量真的太巨大了！那次之後，我也調適了很多天，才把能量狀態慢慢調回來。

當不幸的狀況發生，先讓自己平靜下來，才能做出對的決定

最後，書中一直反覆的提到「平衡」這個詞，而我非常相信，平衡不只是身體系統的平衡，更是身心靈的平衡。怎麼說呢？人在能量狀態不好的情況下，其實很難做出正確的選擇，因為我們可能會受到情緒的波動影響，做出錯誤的決定。

還記得前面我提到的例子嗎？我家的錢少爺生病的時候，我整個人是非常慌張的，一直在想如果我救不了他的話，我所學的醫學常識好像就都是白費的。那時候的我能量狀態當然是很不好的，情緒也有很大的波動，且受到非常大的影響。基本上那時候醫生跟我講什麼，我的腦袋都是一片空白，完全沒有辦法正常的思考，只會站在那邊哭。你想想看，這樣的我能起到什麼作用嗎？當然不行。因此，我當下做了一個決定，我要調整自己的狀態，我知道這樣傷心下去對事情不會有任何幫助，只有我能盡快冷靜、平靜下來，我才能跟醫生合作，一起照顧好他。所以，當助理問我：下午的會議要不要通知對方先取消時，我跟助理說不用，還是繼續下午的會議行程。但在開始行程之前，我做了一些調適，把自己的情緒波動減到最低。當然不能說完全不受影響，但我盡力把影響的程度減到最小，這樣才不會做出一些錯誤的決策。

也好在下午會議的對象，也是個愛貓人士，也都在接觸宇宙能量方面的知識與學習，所以很能體諒我的狀況。

再另外舉個例子，之前我有個個案，她不小心把人類吃的藥放在桌子上，之後就外出了。後來當然發生大事了，因為她家的貓很愛吃，把放在桌上的好幾顆藥都吃下肚，而他們回家後發現時，又沒有立刻帶去就醫，拖了兩、三天才去看醫生，當然延誤了就醫，也錯過了治療的黃金期。被貓吃下去的藥物中，有一顆對貓咪來說是非常毒的，但主人沒有想到會那麼嚴重，之後檢查就發現，已經造成腎臟不可逆的永久傷害了，白話一點說，就是腎臟壞掉了，需要打皮下、洗腎。

他們聽到這個消息的時候非常難過，個案很希望能夠挽回，也很自責自己為什麼沒有特別注意、為什麼不小心趕著出門沒跟家裡說桌上放著那些藥……後悔與自責糾纏了她很長的時間。但因為貓咪的年紀也大了，她老公覺得為什麼要花那麼多錢救？我相信中間他們經歷了非常多的溝通，最後當然還是選擇救這隻貓。但是，這要花很多的時間、精力還有金錢來照顧。個案主人在事發的那段時期，狀態非常不好，因為心力精神全部都放在她家的毛孩身上，所以工作狀態也不太好。而且貓咪長期打針吃藥，需要不斷在家與獸醫院之間奔波，也把他們家所有人的生活作息全部打亂。原先他們家一放假就會去露營，因為這次的事件，也不能外出旅行了。

以上都是一些情緒影響了我們的案例，你會發現，最常見的就是自責與悔恨，悔不當初。但時間是無法重來的，不能逆轉，事情已經

經發生了，如果持續陷在情緒當中，在現實世界中就會有更多不順利、不順心的事發生。「吸引力法則」有聽過吧！當你專注在什麼上面，就會吸引來更多類似的事物，因為你的情緒就是個大磁鐵。

而且，情緒不只會影響我們，也會影響毛孩。毛孩們的感官可是比我們更細膩、更敏銳的呢！

我還記得有一次我去內蒙古的時候，當地的經銷商發給每個人一人一匹馬，那裡的馬真的又高又壯。但我沒學過騎馬，馬上要坐到一匹很大的馬背上，再加上沒有馬鞍，讓我當時非常的驚恐。經銷商就告訴我：馬兒是非常敏感的，所以你不能讓他覺得你在害怕，不然他就很會欺負你。於是，我試著控制自己的情緒，盡可能讓自己平靜下來，說服自己這很安全，果然我騎上去之後，他就很乖的跟著前面領頭的馬一起往山上走了。

我相信你可能或多或少也看過一些有關內在的書籍，這些書裡面通常都有個共同點，就是告訴我們不可以被情緒牽著走，如此將會做出錯誤的抉擇；要學著靜下心來，才能傾聽潛意識真正的聲音。因此平靜是一件非常重要的事，內心平靜的時候才能做決定，任何決策都是一樣的。

我們和毛孩最需要的都是……

　　毛孩要健康，不只要解決身體上的問題，很多時候心理層面的問題也必須處理，而且還要同時解決，才能有更好的成效。坊間有一個說法，其實毛孩也很愛我們，一些心靈領域的大師們會說，毛孩也會想要為我們分擔類似像業力、壓力、責任之類的，會想要報恩，因此主人們的這些東西可能會轉移到他們身上。所以一般來說，如果只調理體質成效不夠好的話，可能主人跟毛孩子雙方都需要做一些心靈上的療癒，這樣才能起到更好的效果。如果外在身體的體質，藉由植物天然萃取的保健食品改變了，可是整體狀況卻沒有什麼明顯的起色，那很明顯就是心理上有些東西卡住了，必須把這個卡點找出來，然後把它釋放、轉移、化解掉，這樣才能最有效地得到我們想要的成果。

　　雖然此刻的你可能覺得聽起來很玄，但事實上確實有些個案有這樣的情況。這種毛孩們想要報恩，因而承擔了一些心理壓力的狀況，就很像有些貓會叼老鼠、蟑螂之類的送給奴才當禮物，是一樣的意思！若以這個角度來看，相信你應該也覺得沒那麼難理解了，對吧！

　　另外還要補充一下，通常事出必有因，所以呢，以醫學的角度，一定要追本溯源，找出身體真正失衡的主因。在心靈層面，也要好好探尋內在狀態。《財富金鑰》中有句話說：「內在是因，外在是果。」所以千萬不要妄想只從外在調整來解決問題，因為如果內在還是失衡的話，同樣的狀況就會一直發生，珈珈的例子就是這樣。

我還記得我有個個案，她得了大腸癌，已是第三期。化療、動刀樣樣都來，每樣都是做好做滿，但依舊一直復發。有人問我，她是不是之前飲食習慣不好？常吃加工食品或者垃圾食物？答案是No！她是一個非常注重養生的人，幾乎不外食，也不喝飲料，三餐都有滿滿的青菜，攝取的營養絕對比百分之九十的人都還要均衡。後來經由朋友介紹，她來找我，請我幫她選擇適合的保健食品，初期很有成效，後面就普普通通，再也沒有什麼進展。

　　有一天我跟她說，不知道你願不願意，我們聊聊吧？我說：「我覺得你的內在有很多話沒有說出來⋯⋯」沒想到才講到這裡，她瞬間就哭了。我說，那我幫你做希塔的挖掘好了（這可以找出一些限制信念的原因），因為我相信一定是有些存在於她內在真正的「因」，在阻撓她好起來（也可以說是潛意識不想讓她好起來，通常是出於「安全」考量的自我保衛機制）。不深入潛意識聊還不知道，原來她的潛意識是真的不想好起來。這時你可能會很震驚：為什麼會這樣呢？

　　原來她的老公原本跟她貌合神離，在外面有了別人，後來因為她得了癌症，老公回來照顧她，心思精力也都集中在她身上，所以她覺得，如果自己好起來，老公就會被人搶走，她就失去了老公的愛。後來我們通過信念的修改，讓她的潛意識知道，就算好起來，還是可以得到愛。她也漸漸的釋放了一直壓抑在心頭的壓力，還有想透過生病來報復他們的心態。心靈的解放，再搭配保健品讓身體平衡，之後再複驗時，癌症指數就降為零，完全好了，之後也沒有再發作過！

故事説到這裡，你有沒有發現，人跟毛孩想要的其實都一樣呢？就是愛和關注。沒錯，大家想要的其實真的都差不多。因此我才會説心靈的平衡也至關重要，不管對毛孩還是對主人，都一樣重要喔！只有毛孩與主人雙方全方位的身心靈平衡，才能有絕佳的默契，進而擁有充滿愛且更加幸福的人生！我們與毛孩是互相陪伴的，因此我們都要健健康康、開開心心，一起過高品質的一生。

　　我相信我們與毛孩都是因愛而生的，也會盡力讓愛延續下去…。

寵物健康日誌

基本資料

姓 名		科 別	☐ 狗狗 ☐ 貓咪
性 別	☐ 男生 ☐ 女生	年 齡	歲
結 紮	☐ 是 ☐ 否		

疾病記錄

疾 病 名 稱	
病 症 持 續 時 間	看診頻率 幾天一次?
目 前 使 用 的 藥 物	
醫 生 建 議 事 項	

日誌紀錄

記 錄 日 期		體 重	
活 動 力	遊戲活潑度下降,或正常?		
睡 眠 時 間	突然嗜睡?睡不著?一天睡多久?		
是否有壓力來源	外來的人事物、動物,或被責罵?		
上 廁 所 次 數	尿尿幾次?便便幾次?		
喝 水 量 (c.c.)	自主飲水、罐頭水份、鮮食湯水量?		
人工喝水量(c.c.)			
食用飼料口味(g) / 鮮 食 食 材 (g)			
食 慾 是 否 正 常			

掃描下載寵物健康日誌 ▶

參考文獻

參考文獻

王逸文、徐方劍、孫浩、陸寒燁、高海馨、萬朋（2016）。鹿茸多肽提取工藝及
　　其藥理學作用。上海中醫藥雜誌，50(4)，94-96。
　　doi: 10.16305/j.1007-1334.2016.04.028

林嘉輝、陳炳藝、李楠（2017）。龜鹿二仙膠治療骨關節炎的研究概況。中華中
　　醫藥雜誌，32(12)，5509-5512。

林文彬（2000）。談腎主骨理論及脾虛血瘀與骨質疏鬆症的關係。取自
　　http://linyen.uncma.com.tw/u3/990603/990603-8.pdf。

池永昌（2016）. 乳科醫師家中必備！腫瘤小一半、抗發炎超級食物是… . 檢自
　　https://www.edh.tw/article/8834 (Oct. 08 , 2021)

范振虓、張瑋麟、洪婉真（2019）。從慢性膝痛談龜鹿二仙膠的臨床應用。取自
　　http://web.csh.org.tw/web/222010/?p=3082。
　　(Oct. 08 , 2021)

Akbik D., Ghadiri M., Chrzanowski W., &Rohanizadeh R. (2014).
　　Curcumin as a woundhealing agent. Life Sci.,116(1):1-7.
　　doi:10.1016/j.lfs.2014.08.016

Alkhader E., Roberts C.J., Rosli R., Yuen K. H., Seow E.K., Lee Y.Z., &Billa
　　N.(2018).
　　Pharmacokinetic and anti-colon cancer properties of curcumin-containing
　　chitosanpectinate composite nanoparticles. J Biomater Sci Polym Ed.,
　　29(18):2281-2298. doi:10.1080/09205063.2018.1541500

Arunkumar R., Gorusupudi A., Li B., Blount J.D., Nwagbo U., Kim H.J., Sparrow

J.R., &Bernstein P.S.(2021). Lutein and zeaxanthin reduce A2E and iso-A2E levels and improvevisual performance in Abca4 -/-/Bco2 -/- double knockout mice. Exp Eye Res., 209:108680. doi: 10.1016/j.exer.2021.108680

Baillon M. L.A., Marshall-Jones Z. V., &Butterwick R.F.(2004). Effects of probiotic Lactobacillus acidophilus strain DSM13241 in healthy adult dogs. Am J Vet Res., 65(3):338-343. doi: 10.2460/ajvr.2004.65.338

Balish E., Cleven D., Brown J., Yale C. E.(1977). Nose, throat, and fecal flora of beagle dogs housed in "locked" or "open" environments. Appl Environ Microbiol., 34(2):207-221. doi: 10.1128/aem.34.2.207-221.1977.

Bengmark S.(2006). Curcumin, An Atoxic Antioxidant and Natural NFκB, Cyclooxygenase-2, Lipooxygenase, and Inducible Nitric Oxide Synthase Inhibitor: A Shield Against Acute and Chronic Diseases. JPEN J Parenter Enteral Nutr., 30(1): 45-51. doi:10.1177/014860710603000145

Bernstein P., Li B., Vachali P.P., Gorusupudi A., Shyam R., Henriksen B.S., &Nolan J.M.(2016). Lutein, zeaxanthin, and meso-zeaxanthin: The basic and clinical science underlying carotenoid-based nutritional interventions against ocular disease. Prog Retin Eye Res., 50:34-66. doi: 10.1016/j.preteyeres.2015.10.003

Bhardwaj K., Verma N., Trivedi R.K., Bhardwaj S.,& Shukla N. (2016). Review Article Significance of Ratio of Omega-3 and Omega-6 in Human Health with Special Reference to Flaxseed Oil. Int. J. Biol. Chem.,10(1-4):1-6. doi:10.3923/ijbc.2016.1.6

Bian Q., Gao S., Zhou J., Qin J., Taylor A., Johnson E.J.., ...Author, & Shang F.(2012). Lutein and zeaxanthin supplementation reduces photooxidative damage and modulates the expression of inflammation-related genes in retinal pigment epithelial cells. Free Radic Biol Med., 53(6):1298-1307. doi: 10.1016/j.freeradbiomed.2012.06.024

Borges S., Silva J., &Teixeira P.(2014). The role of lactobacilli and probiotics in maintaining vaginal health. Arch Gynecol Obstet., 289(3):479-489. doi: 10.1007/s00404-013-3064-9

Bunešová V., Vlková E., Rada V., Ročková S., Svobodová I., Jebavý L., &Kmeť V..(2012). Bifidobacterium animalis subsp. lactis strains isolated from dog faeces. Vet Microbiol., 160(3-4):501-505. doi: 10.1016/j.vetmic.2012.06.005

Chou Y.J. Chuu J.J., Peng Y.J., Cheng Y.H., Chang C.H., Chang C.M.,&Liu H.W.(2018). The potent anti-inflammatory effect of Guilu Erxian Glue extracts remedy joint pain and ameliorate the progression of osteoarthritis in mice. J Orthop Surg Res., 13(1):259. doi:10.1186/s13018-018-0967-y.

Clavel T., Doré J., &Blaut M.(2006). Bioavailability of lignans in human subjects. Nutr Res Rev.,19(2):187-196. doi: 10.1017/S0954422407249704

Dai C., Zheng C.Q., Jiang M., Ma X.Y., &Jiang L.J. (2013). Probiotics and irritable bowel syndrome. World J Gastroenterol., 19(36): 5973–5980. doi: 10.3748/wjg.v19.i36.5973

Edwards C.G., Walk A.M., Thompson S.V.., Reeser G.E., Dilger R.N., Erdman Jr J.W.,... Author, &Khan N.(2021) Dietary lutein plus zeaxanthin and choline intake is interactively associated with cognitive flexibility in middle-adulthood in adults with overweight and obesity. Nutr Neurosci., 1-16. doi: 10.1080/1028415X.2020.1866867

Fadus M.C., Lau C., Bikhchandani J., &Lynch H.T. (2016). Curcumin: An age-old antiinflammatory and anti-neoplastic agent. J Tradit Complement Med.,7(3):339-346. doi:10.1016/j.jtcme.2016.08.002

Feng L., Nie K., Jiang H., &Fan W.(2019). Effects of lutein supplementation in age-related macular degeneration. PLoS One., 14(12):e0227048. doi: 10.1371/journal.pone.0227048

Floch M.H.(2014). Recommendations for probiotic use in humans-a 2014 update. Pharmaceuticals (Basel), 7(10):999-1007. doi: 10.3390/ph7100999.
Ford A.C., Harris L.A.,Lacy B.E., Quigley E.M.M., &Moayyedi P.(2018). Systematic review with meta-analysis: the efficacy of prebiotics, probiotics, synbiotics and antibiotics in irritable bowel syndrome. Aliment Pharmacol Ther., 48(10):1044-1060. doi:10.1111/apt.15001

Goyal A., Sharma V., Upadhyay N., Gill S., &Sihag M.(2014). Flax and flaxseed oil: an ancient medicine & modern functional food. J Food Sci Tech nol.,51(9):1633-1653. doi:10.1007/s13197-013-1247-9

Greenwald M. B. Y., Frušić-Zlotkin M. , Soroka Y.Y. , Sasson S. B., Bitton R., Bianco-Peled H., &Kohen R.(2017). Curcumin Protects Skin against UVB-Induced Cytotoxicity via the Keap1-Nrf2 Pathway: The Use of a Microemulsion Delivery System. Oxid Med Cell Longev.,2017: 5205471. doi: 10.1155/2017/5205471

Jagetia G.C. , &Aggarwal B.B. (2007). "Spicing Up"of the Immune System by Curcumin. J Clin Immunol., 27(1):19-35. doi: 10.1007/s10875-006-9066-7

Jia Y.P., Sun L., Yu H.S., Liang L.P., Li W., Ding H., Song X.B., &Zhang L.J. (2017). The Pharmacological Effects of Lutein and Zeaxanthin on Visual Disorders and Cognition Diseases. Molecules., 22(4):610.

doi: 10.3390/molecules22040610

Johra F.T., Bepari A.K., Bristy A.T., &Reza H.M.(2020). A Mechanistic Review of β-Carotene, Lutein, and Zeaxanthin in Eye Health and Disease. Antioxidants (Basel), 9(11):1046. doi:10.3390/antiox9111046.

Kainulainen V.,Tang Y., Spillmann T., Kilpinen S., Reunanen J., Saris P. E.J., &Satokari R.(2015). The canine isolate Lactobacillus acidophilus LAB20 adheres to intestinal epithelium and attenuates LPS-induced IL-8 secretion of enterocytes in vitro. BMC Microbiol., 5(1):4. doi: 10.1186/s12866-014-0337-9

Kan J., Wang M., Liu Y., Liu H., Chen L., Zhang X.,... Author, &Du J.(2020). A novel botanical formula improves eye fatigue and dry eye: a randomized, double-blind, placebocontrolled study. Am J Clin Nutr., 112(2):334-342. doi: 10.1093/ajcn/nqaa139

Kant V., Kumar D., Prasad R., Gopal A., NPathak N., Kumar P., &KTandan S. (2017). Combined effect of substance P and curcumin on cutaneous wound healing in diabetic rats. J Surg Res., 212:130-145. doi:10.1016/j.jss.2017.01.011

Kelishadi R., Farajian S., Mirlohi M.(2013). Probiotics as a novel treatment for non-alcoholic Fatty liver disease; a systematic review on the current evidences. Hepat Mon., 13(4):e7233. doi: 10.5812/hepatmon.7233

Lem D.W., Gierhart D.L., &Davey P.G.(2021) Carotenoids in the Management of Glaucoma: A Systematic Review of the Evidence. Nutrients., 13(6):1949. doi: 10.3390/nu13061949.

Ma L., &Lin X.M.(2010). Effects of lutein and zeaxanthin on aspects of eye health. J Sci Food Agric., 90(1):2-12. doi: 10.1002/jsfa.3785.

Manayi A., Abdollahi M., RamanT., Nabavi D.F., Habtemariam S., Daglia M., &Nabavi S.M.(2016). Lutein and cataract: from bench to bedside. Crit Rev

Biotechnol., 36(5):829- 839. doi: 10.3109/07388551.2015.1049510
Mares J.(2016). Lutein and Zeaxanthin Isomers in Eye Health and Disease. Annu Rev Nutr., 36:571-602. doi: 10.1146/annurev-nutr-071715-051110

McCann S.E., Moysich K.B., LFreudenheim J.L., Ambrosone C.B., &Shields P.G.(2002). The risk of breast cancer associated with dietary lignans differs by CYP17 genotype in women. J Nutr.,132(10):3036-3041. doi: 10.1093/jn/131.10.3036

Ménard S., Laharie D., Asensio C., Vidal-Martinez T., Candalh C., Rullier A., ... Author, & Heyman M. (2005).Bifidobacterium breve and Streptococcus thermophilus secretion products enhance T helper 1 immune response and intestinal barrier in mice. Exp Biol Med (Maywood), 230(10):749-756. doi: 10.1177/153537020523001008.

Mitsuoka T.(2014). Establishment of intestinal bacteriology. Biosci Microbiota Food Health., 33(3):99-116. doi: 10.12938/bmfh.33.99

Mollazadeh H., Cicero A.F.G., Blesso C.N., Pirro M., Majeed M., &Sahebkar A.(2017).Immune Modulation by Curcumin: The Role of Interleukin-10. Crit Rev Food Sci Nutr.,59(1):89-101. doi:10.1080/10408398.2017.1358139

Muizzuddin N., Maher W., Sullivan M., Schnittger S., &Mammone T. (2012). Physiological effect of a probiotic on skin. J Cosmet Sci., 63(6):385-395.

Nardo A. D., Wertz P., Giannetti A., &Seidenari S.(1998). Ceramide and choles
 terol composition of the skin of patients with atopic dermatitis. Acta Derm
 Venereol.,78(1):27-30. doi: 10.1080/00015559850135788

Nasery M. M., Abadi B., Poormoghadam D., Zarrabi A., Keyhanvar P., Khan
 babaei H.,...Author, &Sethi G.(2020). Curcumin Delivery Mediated by
 Bio-Based Nanoparticles: A Review. Molecules.,25(3):689. doi: 10.3390/mol
 ecules25030689

Neelam K., Goenadi C.J., Lun K., Yip C.C., &Eong K.G.A.(2017). Putative
 protective role of lutein and zeaxanthin in diabetic retinopathy. Br J Ophthal
 mol., 101(5):551-558. doi:10.1136/bjophthalmol-2016-309814

Ohshima-Terada Y., Higuchi Y., Kumagai T., Hagihara A., &Nagata M..(2015).
 Complementary effect of oral administration of Lactobacillus paracasei K71
 on canine atopic dermatitis. Vet Dermatol., 26(5):350-353. doi: 10.1111/
 vde.12224

Patel S. S., Acharya A., Ray R.S.., Agrawal R., Raghuwanshi R., &Jain P.(2020).
 Cellular and molecular mechanisms of curcumin in prevention and treatment
 of disease. Crit Rev Food Sci Nutr.,60(6):887-939.
 doi: 10.1080/10408398.2018.1552244

Perelmuter K., Fraga M., Zunino P. (2008). In vitro activity of potential probiotic
 Lactobacillus murinus isolated from the dog. J Appl Microbiol.,
 104(6):1718-1725. doi: 10.1111/j.13652672.2007.03702.x.

Prasad S., Tyagi A.K., &Aggarwal B.B.(2014). Recent developments in delivery,
 bioavailability,absorption and metabolism of curcumin: the golden pigment
 from golden spice. Cancer ResTreat.,46(1):2-18.

doi: 10.4143/crt.2014.46.1.2

Receno C.N., Chen L., Korol D.L., Atalay M., Heffernan K.S., Brutsaert T.D., &
DeRuisseau K.C.(2019). Effects of Prolonged Dietary Curcumin Exposure
on Skeletal Muscle Biochemical and Functional Responses of Aged Male
Rats. Int J Mol Sci., 20(5):1178. doi:10.3390/ijms20051178

Shabbir U., Rubab M., Tyagi A., &Oh D.H. (2020). Curcumin and Its Derivatives
as Theranostic Agents in Alzheimer's Disease: The Implication of Nanotech
nology. Int J Mol Sci.,22(1):196. doi: 10.3390/ijms22010196

Shamsi-Goushki A., Mortazavi Z., Mirshekar M. A., Mohammadi M., Moradi-Kor
N., Jafari-Maskouni S., &Shahraki M. (2020). Comparative Effects of
Curcumin versus Nano-Curcumin on Insulin Resistance, Serum Levels of
Apelin and Lipid Profile in Type 2 Diabetic Rats. Diabetes Metab Syndr
Obes.,13:2337-2346. doi: 10.2147/DMSO.S247351

Skrzypczak K., Gustaw W., &Waśko A.(2015). Health-promoting properties
exhibited by Lactobacillus helveticus strains. Acta Biochim Pol.,
62(4):713-720. doi:10.18388/abp.2015_1116

Strompfová V., &Lauková A.(2014). Isolation and characterization of faecal
bifidobacteria and lactobacilli isolated from dogs and primates. Anaerobe.,
29:108-112. doi:10.1016/j.anaerobe.2013.10.007

Strompfová V., Simonová M.P., Gancarčíková S., Mudroňová D., Farbáková J.,
Mad'ari A., & Lauková A.(2014). Effect of Bifidobacterium animalis B/12
administration in healthy dogs. Anaerobe., 28:37-43. doi: 10.1016/j.anaer
obe.2014.05.001

Šutovská M., Capek P., Kazimierová I., Pappová L., Jošková M., Matulová M., ...
Author , &Gancarz R.(2015). Echinacea complex--chemical view and
anti-asthmatic profile. J Ethnopharmacol., 175:163-171. doi: 10.1016/j.
jep.2015.09.007

Toscano M., Grandi R. D., Stronati L., Vecchi E.D., Drago L. (2017) Effect of
Lactobacillus rhamnosus HN001 and Bifidobacterium longum BB536 on the
healthy gut microbiota composition at phyla and species level: A preliminary
study. World J Gastroenterol., 23(15):2696-2704. doi: 10.3748/w
jg.v23.i15.2696

Uchiyama T., Nakano Y., Ueda O., Mori H., Nakashima M., Noda A., Ishizaki C.,
&Mizoguchi M. (2008). Oral Intake of Glucosylceramide Improves Relatively
Higher Level of Transepidermal Water Loss in Mice and Healthy Human
Subjects. Journal of Health Science,54(5):559-566. doi: 10.1248/jhs.54.559

Varalakshmi C., Ali A.M., Pardhasaradhi B. V.V., Srivastava R.M., Singh S.,
&Khar A.(2008).Immunomodulatory effects of curcumin: In-vivo. Int Immuno
pharmacol 8(5):688–700 ,doi:10.1016/j.intimp.2008.01.008

Vaughn A.R., Branum A., &Sivamani R.K.(2016). Effects of Turmeric (Curcuma
longa) on Skin Health: A Systematic Review of the Clinical Evidence.
Phytother Res., 30(8): 1243–1264.doi: 10.1002/ptr.5640

Vollono L., Falconi M., Gaziano R., Iacovelli F., Dika E., Terracciano C., Bianchi
L., &Campione E.(2019). Potential of Curcumin in Skin Disorders. Nutri
ents.,11(9):2169. doi:10.3390/nu11092169

Weese J.S., &Anderson M.E.C.(2002). Preliminary evaluation of Lactobacillus
rhamnosus strain GG, a potential probiotic in dogs. Can Vet J.,

43(10):771-774

Wu M.H., Lee T.H., Lee H.P., Li T.M., Lee I.T., Shieh P.C.& Tang C.H.(2017) Kuei-Lu-Er-Xian-Jiao extract enhances BMP-2 production in osteoblasts. Biomedicine (Taipei), 7(1):2. doi: 10.1051/bmdcn/2017070102

Yang C., Zhu K., Yuan X., Zhang X., Qian Y., & Cheng T.(2020). Curcumin has immunomodulatory effects on RANKL-stimulated osteoclastogenesis in vitro and titanium nanoparticle-induced bone loss in vivo. J Cell Mol Med., 24(2):1553-1567. doi:10.1111/jcmm.14842

Yasui H., &Ohwaki M.(1991). Enhancement of immune response in Peyer's patch cells cultured with Bifidobacterium breve. J Dairy Sci.,74(4):1187-1195. doi: 10.3168/jds.S00220302(91)78272-6.

Zhang Y.(2017). Trace Elements and Healthcare: A Bioinformatics Perspective. Adv Exp Med Biol., 1005:63-98. doi: 10.1007/978-981-10-5717-5_4

Zuniga K.E., Bishop N., &Turner A.S.(2021). Dietary lutein and zeaxanthin are associated with working memory in an older population. Public Health Nutr., 24(7):1708-1715. doi:10.1017/S1368980019005020

國家圖書館出版品預行編目資料

用對自然力讓毛孩活得好：自然醫學博士愛用的
寵物平衡療育／黃于容著. --初版.--臺中市：白
象文化事業有限公司，2021.12
　　面；　公分
ISBN 978-626-7056-57-8（平裝）
1.寵物飼養 2.自然療法 3.營養常識
437.3　　　　　　　　　　110019236

用對自然力讓毛孩活得好
自然醫學博士愛用的寵物平衡療育

作　　者　黃于容
校　　對　黃雅玲、羅雁怡、汪甫英
文字修潤　施舜文、水邊
排版設計　陳香如
插圖設計　陳香如、蘇雅芳
發 行 人　張輝潭
出版發行　白象文化事業有限公司
　　　　　412台中市大里區科技路1號8樓之2（台中軟體園區）
　　　　　出版專線：（04）2496-5995　　傳真：（04）2496-9901
　　　　　401台中市東區和平街228巷44號（經銷部）
　　　　　購書專線：（04）2220-8589　　傳真：（04）2220-8505
專案主編　水邊
出版編印　林榮威、陳逸儒、黃麗穎、水邊、陳婉婷、李婕
設計創意　張禮南、何佳諠
經紀企劃　張輝潭、徐錦淳、廖書湘
經銷推廣　李莉吟、莊博亞、劉育姍、林政泓
行銷宣傳　黃姿虹、沈若瑜
營運管理　林金郎、曾千熏
印　　刷　基盛印刷工場
初版一刷　2021年12月
初版二刷　2022年10月
定　　價　380元